环境艺术设计精品教程

室内快题设计方法与实例

QUALITY TUTORING FOR ENVIRONMENT ART DESIGN
—METHODS AND EXAMPLES FOR INTERIOR FAST DESIGN

李国胜 秦瑞虎 杨倩楠 主编

U0221834

江苏凤凰科学技术出版社

图书在版编目（CIP）数据

室内快题设计方法与实例 / 李国胜，秦瑞虎，杨倩
楠主编. -- 南京：江苏凤凰科学技术出版社，2017.4
环境艺术设计精品教程 / 李国胜主编
ISBN 978-7-5537-8069-6

Ⅰ. ①室… Ⅱ. ①李… ②秦… ③杨… Ⅲ. ①室内装
饰设计－高等学校－教材 Ⅳ. ①TU238.21

中国版本图书馆CIP数据核字(2017)第059115号

环境艺术设计精品教程
室内快题设计方法与实例

主　　　编　李国胜　秦瑞虎　杨倩楠
项 目 策 划　凤凰空间/刘立颖
责 任 编 辑　刘屹立　赵　研
特 约 编 辑　庞　冬

出 版 发 行　凤凰出版传媒股份有限公司
　　　　　　　江苏凤凰科学技术出版社
出版社地址　南京市湖南路1号A楼，邮编：210009
出版社网址　http://www.pspress.cn
总 经 销　　天津凤凰空间文化传媒有限公司
总经销网址　http://www.ifengspace.cn
经　　　销　全国新华书店
印　　　刷　北京博海升彩色印刷有限公司

开　　　本　787 mm×1 092 mm　1/12
印　　　张　14
字　　　数　300 000
版　　　次　2017年4月第1版
印　　　次　2023年3月第2次印刷

标 准 书 号　ISBN 978-7-5537-8069-6
定　　　价　79.00元

图书如有印装质量问题，可随时向销售部调换（电话：022-87893668）。

本书编委会

主　　编: 李国胜　秦瑞虎　杨倩楠

编委成员:（排名不分先后）

徐志伟　沙　龙　王夏露　韩文翔　韩国强

祝　永　王　鹏　周　鸽　焦盼盼　李　莉

路　瑶　孙晨霞　黄向前　王　岚　尹东东

李　勇

前　言

本书主要针对环境艺术设计专业室内方向考研的学生，通过系统的设计思考，深度解析快题设计三大方面的内容：方案设计、设计表达与设计表现。并尝试提供一套科学有效的训练方法，旨在快速提高学生快题设计的能力。本书基于长期的室内设计专业考研辅导的教学经验，针对当前考生的困惑，结合当前室内设计的新思潮，从教与学的角度，鼓励设计思维的激发，讲究设计方法的应用，注重设计过程的引导。以系统的室内设计专业理论知识为出发点，结合实际案例，提供快速有效的训练思路与设计方法，以提高考生的方案创作与表现能力，希望考生在研究生考试中取得好成绩。

本书共有六个章节。

第一章为室内快题设计概述。主要回答快题设计是什么，有哪些类型和内容，并对其进行详细的讲解，最后还对应试的相关准备进行罗列，旨在提高考生对考研快题设计的认知，帮助考生尽快进入应考状态。

第二章为室内快题方案的设计步骤。主要有以下五个步骤：方案设计的前期——解读任务书，方案设计的开始——构思与定位，方案设计的形成——功能与形式，方案设计的深化——界面的设计，方案设计的完成——氛围的营造。尝试从这五个步骤中，展现快题方案设计的完整过程，以此提高考生的设计能力。

第三章为室内快题设计训练方法。从设计的内在逻辑出发，从易到难，主要提供一系列不同的快题训练方法，激发考生的设计思维与举一反三的方案设计能力，并强化考生的空间意识与空间想象力。

第四章为室内快题方案设计解析。主要针对不同类型的室内空间快题逐一展开深入讲解。首先以室内空间理论的核心内容为基础，介绍不同空间类型的设计要点，帮助考生梳理重要的知识点，同时补充优秀的快题案例，强化知识点，各个击破。

第五章为真题作品解析。主要以全国知名设计类院校的真题为例，深入解析，全面分析点评学生作品，指出其优、缺点，为考生提供大量真实的快题案例，帮助考生明确自身的努力方向。

第六章为手绘基础强化训练。主要针对基础比较薄弱的同学，强调手绘透视理论的掌握与技法的熟练应用，另外，提供大量的手绘资料。

本书内容主要基于以下几方面，亦是本书的特色：

一、力求逻辑性。本书基于室内空间理论知识的可读性与易理解性，尝试把快题设计过程呈现出来，为考生提供解题思路。

二、力求实践性。展现方案设计思路，提供一系列详细的快题训练方法。另外，还提供各个空间类型的设计要点与人体尺度参数，为设计提供参考依据。对快题设计进行落地讲解，详细点评院校真题，希望可以切实帮助到考生。

三、力求创新性。尝试从新的角度提出创新性思维训练的方法，激发考生的设计思维。

感谢为本书提供大量资料的各位老师和绘聚学员。

因编者水平有限，本书仍存在诸多不足，期待各位同仁和读者朋友指出不足，日后定加以改正。

编者

2017 年 3 月

目 录

第一章　室内快题设计概述
Overview of Interior Fast Design

◆室内快题设计的定义

◆室内快题设计的基本类型与内容

◆应试准备

◆室内快题设计的评价

◆室内快题考试的相关内容

一、室内快题设计的定义

室内快题设计指的是在一定的时间内，考生根据考题的设计要求进行综合性的、具有一定深度的方案设计、表达和表现。环境艺术设计专业室内方向的研究生入学快题测试的时间一般为 3～6 h。室内快题设计旨在考察考生快速方案设计的能力，以及相关的专业素养与对专业知识的掌握，同时也是对考生大学四年学习成果的检验，检验其是否具备分析问题和解决问题的能力，以及是否具备继续进行研究生学习的专业基本能力。

二、室内快题设计的基本类型与内容

1. 基本类型

在目前的研究生考试中，快题设计的类型越来越紧跟社会热点问题，下面主要从空间类型和出题类型上对室内快题设计进行划分。

（1）按空间类型分

① 居住类建筑。

该类测试的内容及方向不仅仅局限于概念的居住空间，更注重多方向变化，要求考生灵活应用居住类空间专业知识进行拓展性思维，真正掌握空间的设计方法。常见的考题内容有：居室空间、样板房、公寓、合租房等居住空间室内设计。

② 公共类建筑。

该类考题内容及方向是三类考题中包含空间类型最多的室内设计快题，具体内容有：

文教类，如各类大厅、教室、阅览室等室内空间设计；

商业类，如售楼处、便利店、专卖店、美容美发店、书吧、书屋等空间室内设计；

餐饮类，快餐店、风味餐厅、中西风格餐厅、酒吧、咖啡店、茶室等空间室内设计；

宾馆类，如客房、套房等空间室内设计；

办公类，如办公室、会议室、接待室、总经理室、设计事务所、SOHO 等空间室内设计；

展示类，如展厅、展廊等空间室内设计。

③ 工业建筑室内设计。

该类设计常围绕"厂房改造"内容出题，要求充分利用现有建筑结构进行空间改造设计。

（2）按出题类型分

① 文字类。

该类题型以文字描述为主，具有一定的迷惑性，通常会给出较长的一段话或大量文字描述，要求从中选取关键的试题字眼、数据信息等进行设计分析，根据分析结果进行综合方案设计。

② 图文类。

该类题型最常见，即给出相应图纸，并附加相应说明，要求考生根据图纸要求进行方案设计。

③ 概念类。

该类题型为"拓展性思维"试题，要求考生以某社会热点问题为主题，或者以某一元素为主题，进行发散性思考，展现设计过程，推导设计元素，应用于整体设计方案中，产生设计结果。这类题型相对灵活宽泛，注重考查考生的设计思维能力和设计的逻辑性。这类题型也是近些年设计类院校比较倾向的出题方向，如"悦读""对话""九宫格""引力波"等。

2. 设计内容

（1）标题

快题设计的标题内容一般与任务书相对应，如"办公空间快题设计""餐饮空间快题设计"等，也可以在此基础上添加副标题，副标题是对方案的设计命名，如"家居空间快题设计——绿色之家""餐饮空间快题设计——竹餐厅""茶室快题设计——禅茶一味"（图 1-1）等。

字体形式一般较为方正，做到美观大方即可。一般不会采用过于花哨的字体形式，色彩选择灰色或整体快题设计中出现过的其他颜色，避免颜色过于跳跃，有喧宾夺主之嫌（图 1-2）。

（2）设计说明

设计说明是对方案设计的阐释，讲解方案的思路、主要内容与价值。一般包括以下内容：

① 此方案为什么内容的设计，是住宅空间还是餐饮空间等。此空间面积多大，主要功能有哪些部分，如何满足顾客的使用需求。

② 阐释主要的设计理念，如前期的灵感来源、整体空间的理念表达，应用的设计元素等。

③ 具体采用哪些设计手法、空间划分形式等，主要运用哪些材质，空间细节是如何处理的，整体的空间氛围达到怎样的设计效果等，如何满足顾客的情感需求。

在以往的教学过程中，我们发现很多同学的语言基础薄弱，当然这并不是最主要的问题，关键是要把问题讲清楚，之后才是语言的美化。下面列举一些优秀设计案例的设计说明文字，希望可以给考生一些思路：

图 1-1 标题一（秦瑞虎绘）

图 1-2 标题二（张许乐绘）

优秀设计案例设计说明文字示例

类别	内容	网络来源
设计理念的描述	"将着力点放在了营造混合、开放、可持续发展的绿色办公环境，为了突出品牌木质工艺的百年传统，设计将整个空间定义为森林木屋。"	http://www.vccoo.com/v/f5c3ec
设计手法的描述	"通过简约干练的手法强调个性，通过简单的材料创造鲜亮的空间形式，每个空间都考虑到不同的功能。用简单元素之间的对比，呈现出现代时尚的形象。"	http://www.aiweibang.com/yuedu/143686529.html
	"通过传统古朴的藤编元素的运用，用心的材料搭配和现代化的工艺，打造了一个细腻、精致而质朴的空间，是对传统东方文化的现代诠释。"	http://www.verydesigner.cn/case/32276
	"空间中建筑的素墙依仗简洁的隔断自由穿行，即便设计的主体也自然成为最淋漓的旁白方式，秀出空间的干净利落。精致的选材配以大块面的用色，内敛克制而历久弥新，宁静祥和而别有一番风韵。曲径通幽处，绿意盎然间，传统与现代相融，记忆中的江南庭院在这里得到新的诠释。"	http://jiaju.sina.com.cn/news/20160822/6173404184650777168.shtml
空间形态的描述	"本设计空间既有一定的领域感和私密性，又与大空间有一定的沟通。这就满足了群体与个体在大空间中各司其职，体现了整体与部分的共生。"	http://cbbn.zbinfo.net/thread-4645214-1-1.html
主要材质的描述	"玻璃的通透性使整个空间给人的感觉宽敞明亮、高雅。"	http://www.docin.com/p-1617233089.html
	"线条的地板搭配木质的墙壁，同步运用圆形的桌子对空间进行定位，一致的整体感打造了清新现代简约的会议空间。"	http://sheji.pchouse.com.cn/112/1126653_all.html
	"水泥的墙面映衬不规则的原木线条，在柔和的间接光的衬托下，让原本过于沉闷的空间变得轻松。原木与水泥的材质选择，更是延续了设计的初衷。"	http://diyitui.com/content-1439345793.33620528.html
	"错落有致的木方隔墙配合朴素的水泥墙面，以不对称的美学法则，让视觉通廊变得趣味横生。"	
主要家具的描述	"白色的办公桌带着朴实的亲切感，规矩地排列着，与墙面上的灯光一起将温暖的气息带到空间里。素色的地板给空间增添稳重感，与轻盈的办公桌形成鲜明的对比。"	http://www.tywbw.com/home/c/2015-05/12/content_5938.htm
	"利落的小圆桌和几张规则不一的沙发相得益彰，再加上黑色蕾丝的吊灯形成独一无二的圆滑空间。"	
色彩搭配的描述	"在色彩搭配上，除了体现出雅致、稳重、大气之外，也表现出一种力度感和效率感，多元化的设计元素既突显新颖、时尚的企业特质，也蕴涵企业新兴而极具冲击力的蓬勃发展之势。"	http://life.21cn.com/zaojiao/shopping/a/2016/0918/18/31552094.shtml
整体总结的描述	"整个空间在空间划分、功能组合、材料运用以及色彩搭配、顶部和灯光的设计，都体现了现代简约的风格，明了的设计需求，又能体现装饰的现代与美感。"	http://zx.jiaju.sina.com.cn/designer/tupian/581400.html
	"整体餐饮空间风格布局以舒适为导向，雅致、简约而清幽，为消费者打造一个具有层次感的体验空间。"	http://www.wtoutiao.com/p/2e5dMPh.html
	"整体以怀旧复古风格为主，以线条感区别和布局，与流动形的镂空隔断形成了一个整体，增强了空间的亲密氛围，营造出一种神秘的气氛。"	http://homebbs.wh.fang.com/whzxlt~-1/410919625_410919625.htm

（3）设计分析

对设计过程和结果的分析，展示思考的过程及方案的分析，一般要结合设计说明。设计分析可以从以下三个方面入手：

① 灵感来源：主要是对设计灵感的分析，可以画一些小的概念图。

② 设计元素：基本元素的抽象概括、变形处理、具体运用。

③ 方案分析：功能气泡图、交通流线图、空间动静分析、空间开敞私密性分析、材质分析等（图 1-3、图 1-4）。

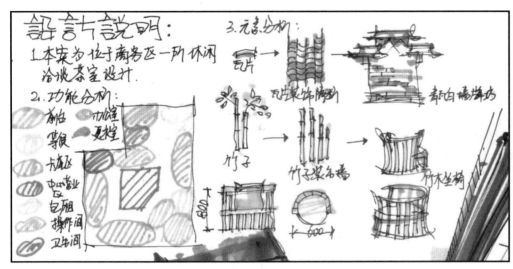

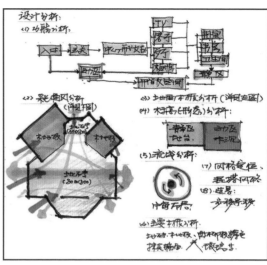

图 1-3 分析图一（秦瑞虎绘）

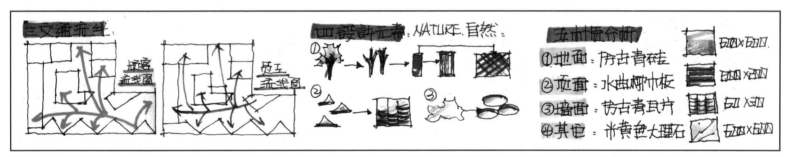

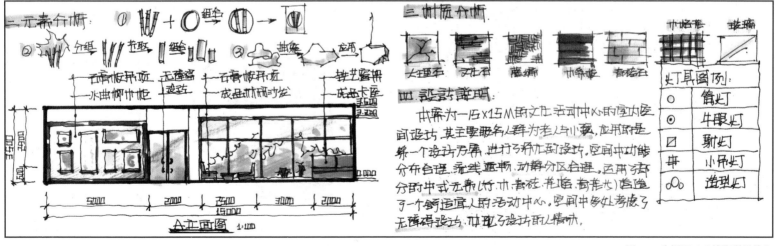

图 1-4 分析图二（绘聚学员绘）

（4）图纸内容

① 平面图。

平面图主要反映的是设计方案的空间功能布局及空间划分、人流动线。需要注意空间尺度与家具尺度（图1-5）。

② 天花图。

天花图主要反映的是顶面的吊顶造型和灯具布置。主要与平面方案相呼应，注重空间的对应关系与灯光照明的布置（图1-6）。

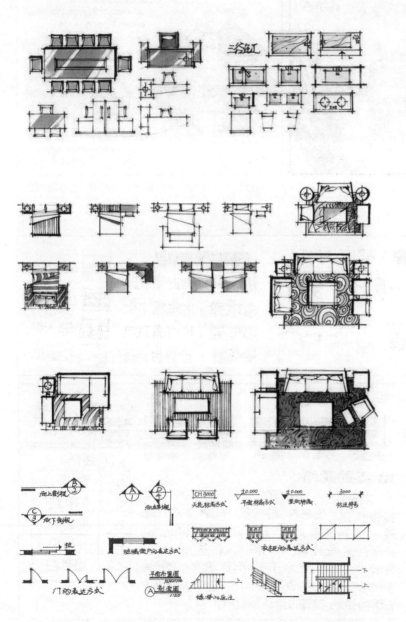

图1-5 平面图（李国胜绘）

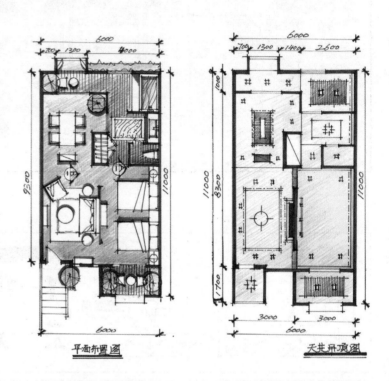

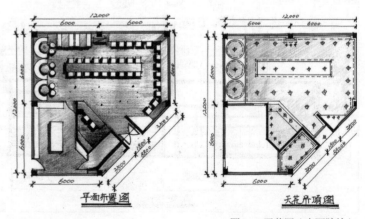

图1-6 天花图（李国胜绘）

③ 立面图 / 剖面图。

立面图 / 剖面图主要反映的是墙面造型、家具的位置及壁灯、摆设饰物及绿化等配景的示意。这里需注意的是应与平面图中的位置关系一一对应。此外，还应注意主要立面造型的比例分割（图 1-7）。

④ 效果图。

效果图反映了空间的整体氛围。首先，要注意视角的选择，尽量要表现大场景，能够反映空间结构及其关系，展现设计方案的主要亮点。其次，透视要准确，能够把握空间比例和尺度。最后，线稿要干脆利落、丰富有细节、使用马克笔要注重明暗关系、空间感的塑造、家具造型和材质表现等（图 1-8 至图 1-10）。

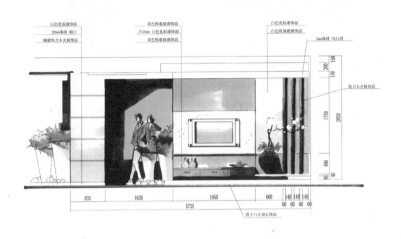

图 1-7 立面图（徐志伟绘）

图 1-8 效果图一（秦瑞虎绘）

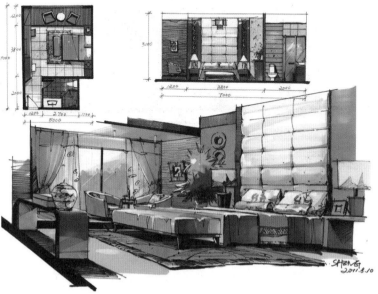

图 1-9 效果图二（李国胜绘）

图 1—10 服装专卖店效果图（李国胜绘）

三、应试准备

1. 认识上的准备

（1）手绘与快题

不能简单地把快题设计等同于手绘表现，因为手绘表现是基础的技法，快题考察的主要是方案的设计能力，其次才是方案的表达与表现能力。因此，我们不能忽视方案的设计能力，而纯粹关注手绘技法的表现。这也正是本书的意义所在，在表现能力的基础上，注重设计思维的训练，关注方案设计，回到设计的本源，找到解决问题的关键。

（2）学会用设计的眼光看待生活

当你选择设计，走进环艺专业，并决定考研，这就决定了你要把专业的意识融入自己的生活。首先，对于设计师来说，要热爱生活，学会用设计的眼光去看待身边的事物，关注细节，比如，在生活中可以关注不同空间的尺度、形式、具体的材质运用，或者是具体的施工如何实现等。要设计出有气质、有文化、有灵魂的好作品，需要不断提高自身的文化素养，比如，关注哲学书籍、中国传统文化、传统建筑等。其次，要多听讲座，多看展览，关注前沿设计信息，提高方案设计能力不能一蹴而就，而是需要不断地积累与思考。

2. 室内快题设计训练的准备

（1）空间尺度与经验积累

建筑是人们生活的容器，无论是家居空间，还是公共空间，人体尺寸与人的动作都起着非常重要的作用。人体尺寸是决定空间大小的标尺，所以我们要熟知人体尺寸的数据。

在日常的积累中，要知道什么是好的设计，我们所做的是不仅要关注好看的设计，更要关注能打动人的设计。平时的学习和生活中要善于收集优秀的设计案例，并深度剖析案例，为什么好，好在哪里，空间的细节是如何处理的，有没有不足之处等。建议考生可以将优秀的设计案例转化成快题的形式，一方面可以帮助考生深入理解方案设计，如对空间尺度的把握，借鉴立面、界面比例关系的处理等；另一方面可以提高考生手绘表现的技能（图 1-11）。

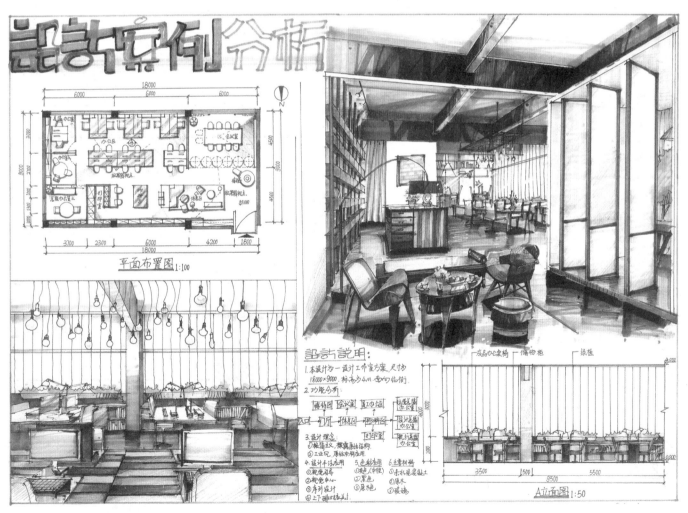

图 1-11 设计案例分析（董佳琪绘）

（2）制图规范与表现能力

一方面要熟知制图规范，掌握工程图纸的表达，具备基本的专业素养和能力，主要包括尺寸标注、文字与比例、图标、图线与线型（图 1-12）。另一方面要具备手绘表现技能，能够快速、准确地画出方案，达到设计表现效果。这里需强调的是效果图的最终呈现，一定要注重空间结构（图1-13）。

a）尺寸标注

b）文字与比例

c）图标

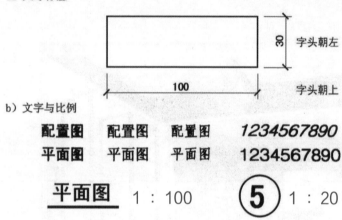
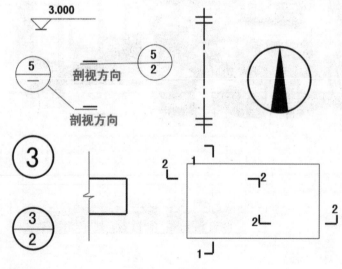

d）图线与线型

线宽比	线宽组 （mm）					
B(粗)	2.0	1.4	1.0	0.7	0.5	0.35
0.5B(中)	1.0	0.7	0.5	0.35	0.25	0.18
0.35B(细)	0.7	0.5	0.35	0.25	0.18	
适合图幅	A0、A1		A2、A3、A4			

名称		线型	线宽	一般用途
实线	粗		B	主要可见轮廓线、剖切轮廓线
	中		0.5B	可见轮廓线、尺寸起止符号
	细		0.35B	尺寸线、引出线、图例线等
虚线	粗		B	新建建筑物轮廓线
	中		0.5B	不可见轮廓线、计划预留地
	细		0.35B	原有物不可见轮廓线、图例线等
点划线	粗		B	见有关专业制图标准
	中		0.5B	见有关专业制图标准
	细		0.35B	中心线、对称线、定位轴线等
双点划线	粗		B	见有关专业制图标准
	中		0.5B	见有关专业制图标准
	细		0.35B	假想轮廓线、成型前原始轮廓线
折断线			0.35B	断开界线
波浪线			0.35B	断开界线

图 1-12 工程制图规范

图 1-13 效果图表现（秦瑞虎绘）

（3）环境理论与消防知识

要想做好设计方案，必须熟知环境行为学与心理学。需要了解人与环境的相互作用，环境是如何作用于人的行为、感觉、情绪的，人是如何获得空间知觉、领域感，以及如何在环境设计与建造使用过程中反映出这些方式和关系的，并能够利用这些知识来解决复杂多样的环境问题(图1-14）。

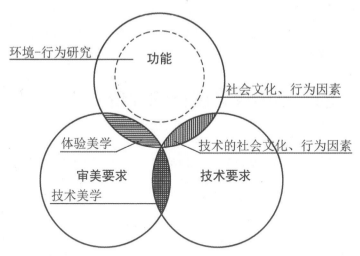

图 1-14 环境—行为研究与功能、技术、审美间的关系
（林玉莲，胡正凡《环境心理学》）

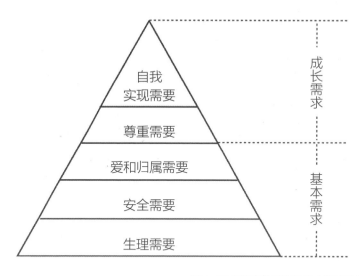

图 1-15 马斯洛的需要等级（侍玉绘）

① 马斯洛的需要等级。

马斯洛的需要等级将人的需要由强到弱分为五个等级：生理需要、安全需要、爱和归属需要、尊重需要、自我实现需要。马斯洛认为，在这五个等级中，较强的需要往往压倒较弱的需要，具有较强的理论系统和实用性（图 1-15）。

与功能主义相比，马斯洛的需要等级突出了人的情感和自我实现等高层次的需要。它为环境设计提供了一个参考的框架，即环境除了应满足人们的生理和安全的需要外，还要满足归属、尊重、实现和审美的需要，如室内环境为人们提供活动的场所，并创造优美的环境。

② 空间行为层次。

若将人类的空间行为进行简单分类，大概可以分为：强目的性行为、伴随主目的的习惯行为和伴随强目的的行为的下意识行为。这里需强调的是在空间功能布局中要考虑到主要和次要人流动线，比如两个功能上紧密关联的空间要互相比较容易达到，避免关联的空间要相互隔离（图 1-16）。

强目的性行为，就是设计时常提到的功能性行为，比如上班。

伴随主目的的习惯行为，典型例子如抄近路行为，它是人们在进行某种有目的的行为时同时发生的。比如人们在观看展览时伴随有目的性不强的随意移动，这类行为需要空间流动形式丰富且引导性强。

伴随强目的的行为的下意识行为，这种行为比起上述两种，更加体现了人的下意识和本能。例如左转习惯，防火楼梯和通道设计成左转弯，可加快疏散行为。

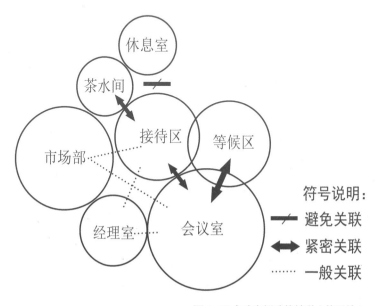

图 1-16 办公空间功能关联（侍玉绘）

③ 私密性与拥挤感。

私密性即要求在相应的空间范围内隔绝视线、声音等，但是也要求提供与公共生活联系的渠道。这是因为人们总是设法使自己处于视野开阔，能够观察别人，但自己却不引人注目，并不太影响他人的地方。例如，在餐饮空间中人们首先选择的座位一般是靠角落，且有一定私密性的区域。在有限的空间环境中，应划分出私密性等级不同的空间：私密性空间、半私密性空间、半公共空间及公共空间等（图1-17）。

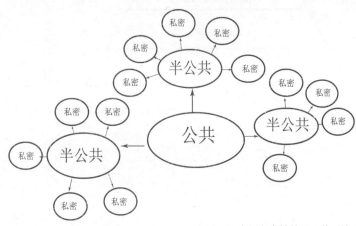

图1-17 空间私密性等级（侍玉绘）

另外，还要了解一些消防规范，如房间门至最近的外部出口或楼梯间的最大距离为，位于两个安全出口之间的房间是40 m，位于袋形走道两侧或尽端的房间为20 m。建筑物各层走道的宽度应按其通过人数每100人不小于1 m计算，建筑物低层外门的总宽度应按人数最多的一层每100人不小于1 m计算。旋转门、自动开闭门在火灾时不能计算疏散门宽度。

3. 考前准备

（1）自信的心态和最佳的身体状态

考前一周一定要调整好自己的身体状态，避免熬夜，严格按照考试时间作息，保证考试时可以呈现最佳的状态。在考试时一定要相信自己，从容不迫、有条不紊地进行答题。

（2）专业知识和工具的准备

考生一定要在考前设计好每一部分的画法（形状和颜色搭配）：图框、构图、标题、图名、比例尺、指北针、树、人等配景，能先准备的一定先准备好，配景要简单易画。

同时还要准备好所有的绘图工具，包括比例尺、铅笔、勾线笔、橡皮、马克笔等。千万不要把所有的色彩笔带上考场，要预先挑选好几个色系的笔，并记住笔号。画什么部分用几号笔，做到心中有数，稳定发挥。

四、室内快题设计的评价

（1）满足任务书的设计条件

先了解任务书，必须要满足全部设计条件。首先，要满足设计的所有功能要求；其次，要满足设计的所有图纸内容。

（2）功能的合理分区与布局

功能要合理，必须满足空间的使用，设置合适的空间尺度。

（3）创造愉悦的空间氛围

在功能空间布局合理的基础上，通过运用丰富的空间形态，使空间具有节奏感，具备适合的空间氛围。

（4）符合技术要求及相关规范

符合相关消防规范、防火规范，运用健康环保的装饰材料。

（5）制图表达与效果表现

制图严谨、具有工程图感，达到专业要求。整体版面的效果表现要丰富完整，效果图的表现要有较强的视觉冲击力。

五、室内快题考试的相关内容

通常，环境艺术设计专业研究生入学考试所设置的快题设计考试时间为3～6 h，但就目前来说3 h和6 h是主流，在如此短暂的时间内，需要通过合理的作图顺序和时间分配来达到完整的优质效果。

当然，人各有异，下面提供的作图顺序和时间安排仅供参考。无论选择哪种作图顺序和时间安排，其步骤都需强调第一步和最后一步的重要性，这两步考察了考生对设计的总体把握能力。首先，要开一个好头，包括仔细分析题目条件，理解出题者的用意，分辨问题的主次关系。最后，还要收一个好尾，这一步是对考生技术严谨性的考察，包括图纸表达要严格遵循设计专业的技术规范，细心检查，确保图面无遗漏、无笔误，强化图纸的阶段完整性等。这两个步骤充分考察了考生是否具备作为一名设计师的综合能力及专业素养。

1. 作图顺序及工作内容

（1）快速审题

抓住命题的重要字眼，总结试题题意。如果试卷允许，该阶段可在试题上做重要审题标记，便于理解题意。

（2）方案构思

根据审题结果进行方案设计构思，脑、手同时用，边构思边勾勒各种设计草图（如通风、采光、功能内容及关系、设计形式等）。如果时间允许，该阶段建议多方案进行比较，便于方案的质量控制和提取，最终确定设计方案。

（3）前期版面布置和绘制设计方案的线稿内容

这部分包括平面图、立面图、剖面图、节点大样图、透视图等。该阶段可按照平面图→透视图→（剖）立面图→节点大样图等顺序进行绘制，并注意透视图面积及整体版式的控制。

（4）快速着色

选择适合自己的表现工具，对设计方案的线稿内容进行快速着色。该阶段需注意时间控制、整体版面主次区分、透视图的大关系处理和交代等问题，把握好"对比与统一"的关系。

（5）完善版面

根据版面内容安排进行构图补充，主要内容包括设计说明、POP字体和相应的图标等。

（6）整体审查

对整体方案设计、表达及表现进行整体性检查，避免遗漏，及时纠正和改正方案中的不足之处。

2. 时间分配

6 h和3 h快题设计时间分配如下表：

6 h 快题设计时间分配

序号	具体内容	完成时间 / h	注意事项
1	审题与构思	0.5	分析题目及功能要求
2	方案确定（草图）	0.5	解题并快速勾画方案草图
3	平面图	1	空间关系，尺度
4	天花图	0.5	与平面图对应，空间呼应
5	立面图	1	反映空间特色
6	效果图	2	营造符合题意的空间氛围
7	标题、设计说明及其他	0.5	图文并茂，排版饱满

3 h 快题设计时间分配

序号	具体内容	完成时间 / h	注意事项
1	审题与构思 方案确定（草图）	0.5	分析题目及功能要求，解题并快速勾画方案草图
2	平面图	0.5	空间关系，尺度
3	天花图	0.5	与平面图对应，空间呼应
4	立面图	0.5	反映空间特色
5	效果图	0.5	营造符合题意的空间氛围
6	标题、设计说明及其他	0.5	图文并茂，排版饱满

3. 评分等级

在快题考试实际阅卷中，需要评卷老师在限定的时间内完成成百上千份的试卷评分工作。一般来说，首先评卷老师会将所有快题试卷进行分档，如优、良、中、差等几个等级，之后再根据快题试卷的具体情况精确打分。所以，这就要求考生在快题试卷的整体排版和效果上，首先要能抓住人的眼球。

各个高校的考研快题评分标准各有差异，一般分为下面几个档次：

评分档次

A 档		B 档		C 档		D 档		E/F 档	
A	->140/145	B+	->130	C+	->115	D+	->100	E	->40
A -	->135/139	B	->125	C	->110	D	->95	F	->30
—	—	B-	->120	C-	->105	D-	->90	—	—

第二章　室内快题方案的设计步骤

Procedure of Interior Fast Design

◆ 方案设计的前期——解读任务书
◆ 方案设计的开始——构思与定位
◆ 方案设计的形成——功能与形式
◆ 方案设计的深化——界面的设计
◆ 方案设计的完成——氛围的营造

在讨论快题方案设计之前，我们先来思考一个问题：设计的本质是什么？设计其实是一件既严肃又活泼，既精确又模糊，既系统又发散的思考过程，通过设计让空间实现增值的目的。在方案设计的整个过程中，我们既需要丰富的想象力，还要有多向的空间感知能力，并兼顾人体尺寸数据的严谨处理能力。熟知做方案的程序，提升自己的快速方案能力，在考试的时候方可做到心中有数，稳中求胜。

一、方案设计的前期——解读任务书

首先要认真阅读考题，即设计的任务书，并画出关键字。明确空间类型，了解主要使用人群，确定主要功能和次要功能等。这些准备工作也是整个设计过程的前期调研部分。设计的过程就是在不断解决问题，既满足显性需求，也要注重隐性需求，更要挖掘潜在需求（图 2-1）。

客房快题设计

1、设计条件：本题目为新建建筑，所兴建项目为商务快捷酒店。酒店共 14 层，一层为大堂，四至十四层为客房层，客房层高为 3.6M。提供的图纸为酒店四层商务间平面图（见附图）。

2、设计要求：商务客房为双人间，功能包括卧床、阅读、书写、上网、电视、茶水、行李及衣物的放置、会客、酒吧等功能，设计要满足商务及快捷酒店的原则。

3、图纸要求：A2 幅面。绘制平面图、顶平面图、客房空间内的主要立面图或剖立面图、透视效果图等，数量自定，比例自定。

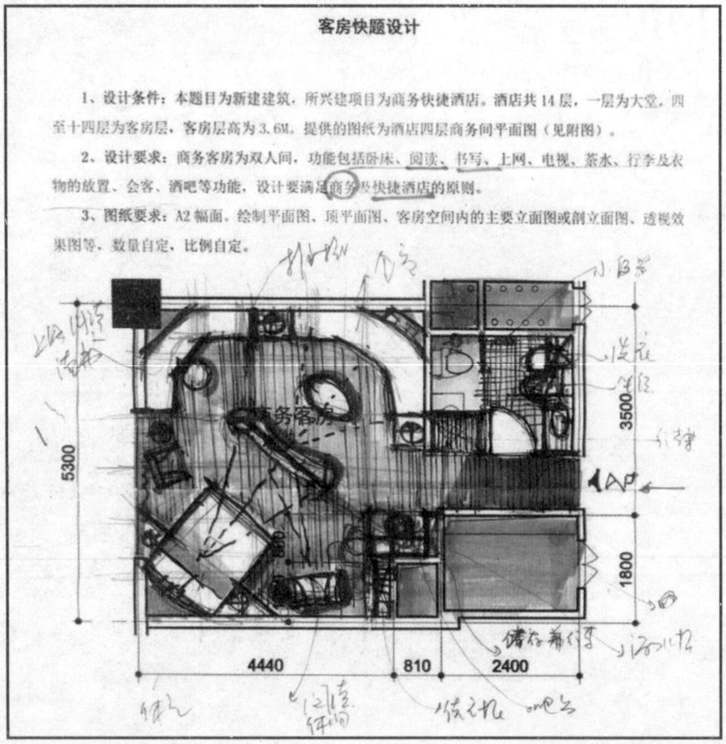

图 2-1 解读任务书（秦瑞虎绘）

二、方案设计的开始——构思与定位

充分把握任务书及甲方的需求之后，接下来就是方案设计的开始。这里需要提出的是设计的概念。有了一个好的概念，就有了好的设计立意。有了好的立意，设计才有灵魂。当然，这是一个抽象且感性的过程，但我们可以有方法地训练自己，利用发散式思维进行头脑风暴（图 2-2）。

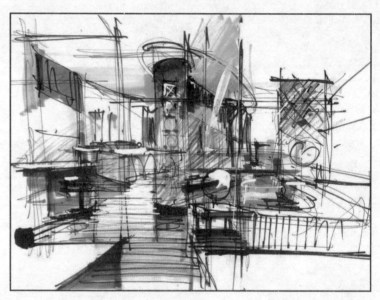

图 2-2 方案构思（秦瑞虎绘）

三、方案设计的形成——功能与形式

俗话说：看设计，看平面。平面做好了，设计就成功了一半。这说明有一个好的平面图至关重要。这是一个感性与理性相结合的过程，不仅需要艺术的激情，还要有科学的头脑。在平面布局时，要兼顾功能和形式。首先要考虑功能，这也是前一步调查与分析的逻辑结果。在此阶段必须要有尺度的概念，人的尺寸和使用方式决定家具的尺寸和空间尺度。勒·柯布西耶就非常重视人体尺寸，他提出根据黄金比例制定人的“模度”观点，也印证了他曾说过的“我的建筑空间都是适合人体尺寸的”。需要提醒考生的是必须时刻牢记人体尺寸，所设计的家具和空间要满足使用条件。另外，不同使用功能和性质的室内环境，对室内设计的风格特点要求也各有不同。

根据各个空间的功能性质、空间人数，确定空间的大小。接下来根据人的活动流线，采用适宜的形式，将多个不同功能的空间进行组合，有效地联系起来。

可以画出功能气泡图，推敲功能分区，注重空间组织，兼顾人流动线进而明确空间序列、空间节奏，以形成丰富的整体空间关系。在构思平面图的过程中，要兼顾天花图与立面图的整体效果（图2-3）。

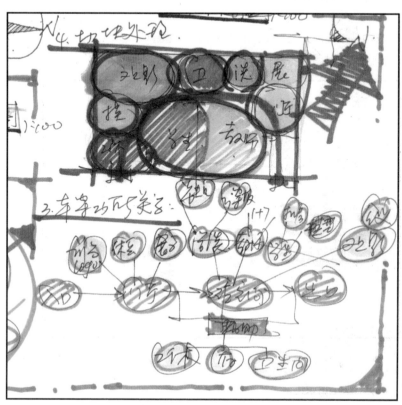

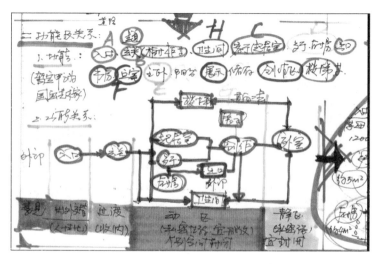

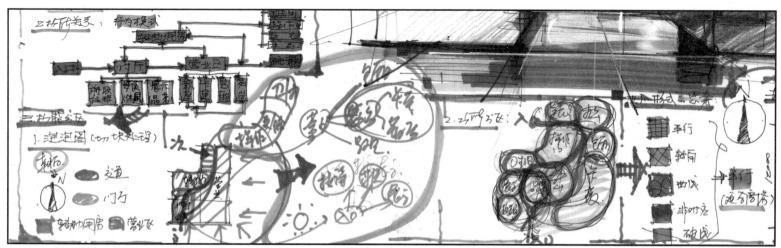

图2-3 功能分析图（秦瑞虎绘）

1. 空间的功能

在前期我们已经知道一个空间需要什么功能，基于人体的使用尺度，什么样的空间可以满足该功能。接下来需要做的就是采用怎样的处理手法，把空间有序、合理地安排组织在一起，形成丰富的空间体验（图2-4）。

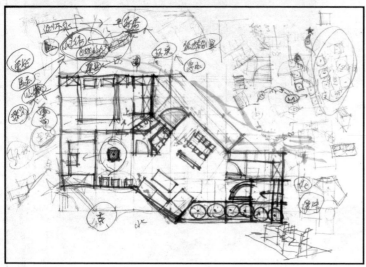

图 2-4 空间功能布局（杨倩楠绘）

2. 空间的形式

（1）空间序列的节奏性

空间序列是指空间的先后顺序，是按照一定的空间功能，进行合理地空间组织。各空间相互之间在顺序、流线和方向上有一定的联系。根据空间的使用性质和变化，空间序列设计的构思、布局以及处理手法都会不同，一般来看，空间序列可分为以下四个阶段：

开始阶段：是序列设计的开端，预示着帷幕的展开，设计的重点在于如何创造出具有吸引力的空间氛围。

过渡阶段：是序列设计中的过渡部分，是酝酿人的感情并使之走向高潮的重要部分，具有引导、启发以及引人入胜的功能。

高潮阶段：是序列设计中的核心内容，是序列的主角，也是精华。这一阶段的目的是让人在空间环境中激发情绪、产生满足感、获得独特的情感体验。

结束阶段：是序列设计中的结尾部分，是序列的最后一个环节，主要功能是从高潮恢复到平静，精彩的结束设计，使人回味、留恋高潮后的"余音"，丰富整个空间的体验感受。

当然，空间序列的设计是灵活多变的。作为空间的"导演"，设计师根据设计空间的功能要求，有针对性地、灵活地安排空间序列。任何一个空间的序列设计都必须紧密结合色彩、材料、陈设、照明等方面来实现，还应注意空间序列的导向性、聚焦性和多样统一性特点（图2-5）。

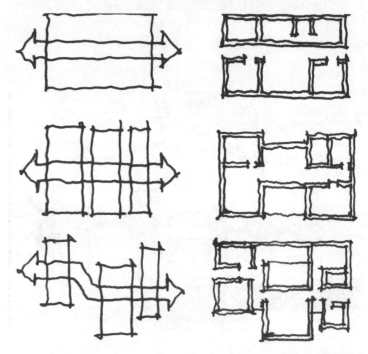

图 2-5 空间序列（杨倩楠绘）

（2）空间形态的多样性

① 固定空间与可变空间。

单就室内设计来说，建筑构件起着结构作用，所围合的空间是固定而不可变的，这些结构在承受自重的同时，还起着承载、支撑整个或部分建筑的作用。另外，通过装修的手段砌筑的木隔断、轻钢龙骨墙或玻璃隔断，由于围合物固定，所以它们所形成的空间也称为固定空间（图2-6）。

与此相反，可变空间则是为了能满足不同使用功能的需要，进而改变的空间形式。可以采用灵活可变的分隔方式，如展厅中的可移动展墙，餐饮空间包间中可开可闭的隔断，以及智能家居中可收叠的家具等。

② 静态空间与动态空间。

静态空间形式比较稳定，空间比较封闭、单一。空间的限定度较强，趋于封闭型。多为尽端空间，私密性较强，序列到此结束。空间分割的比例、尺度协调，色调和谐、光线柔和、装饰简洁，多为对称空间，达到一种静态的平衡（图2-7）。

图2-6 固定空间（网络）　　　　　图2-7 静态空间（网络）

动态空间具有空间的开敞性和视觉的导向性。空间组织灵活，引导人们从"动"的角度观察周围事物，加入时间的纬度，移步异景。动态空间利用丰富动感的造型、对比强烈的图案等，引导人流方向，形成多向的活动线路。动态空间可以利用垂直交通，如电梯、自动扶梯等，还可利用旋转地面、可调节的隔断等设施，形成丰富的动势。动态空间作为流动空间，可加入光影效果和背景音乐，同时还可以引进自然景物，这时它是一种生动的力量，而不是作为一种积极的存在空间（图2-8）。

③ 封闭空间与肯定空间。

封闭空间是使用限定性比较高的围护实体包围起来的空间。肯定空间在视觉、听觉、小气候等方面都有很强的隔离性，是界面清晰、范围明确、具有领域感的空间（图2-9）。如卫生间就是典型的封闭空间，它的性格是内向的、拒绝性的，与周围环境流动性较差，具有较强的领域感、安全感和私密性。封闭空间随着围护实体限定性的降低，封闭性也会自然减弱。采用灯窗、人造景窗、镜面等可以扩大空间感和增加层次，也可以打破封闭的沉闷感。

图2-8 动态空间（网络）　　　　　图2-9 肯定空间（网络）

④ 开敞空间与模糊空间。

开敞空间是外向型的，限定度和私密性较小，强调与周围环境的交流、渗透，利用对景、借景的手法，形成融合的大空间（图2-10）。模糊空间是指似是而非、模棱两可的空间。在空间性质上，它常介于两种不同类别的空间之间，多用于空间的联系、过渡、引申等。

（3）空间类型的丰富性

① 虚拟空间。

虚拟空间的空间范围没有十分完备的隔离性态，也缺乏较强的限定性，它是只靠部分形体的启示，依靠联想"视觉完形性"来划定的空间，所以又称"心理空间"。如休息空间借助家具、地毯等形成了一个相对独立的虚拟空间。此外，虚拟空间的常用因素还有各种隔断、水体、色彩，以及高差等（图2-11）。

图2-10 开敞空间（网络）　　　　　图2-11 虚拟空间（网络）

② 共享空间。

共享空间的产生是为了满足人与人、人与环境交流的需要，是综合、多用途的灵活空间。它往往处于大型公共建筑的公共活动中心和交通枢纽，含有多种多样的空间要素和设施，在精神上、物质上对人们都有较大的挑选性。空间相互交错，极富流动性，大中有小，小中有大。尤其是共享大厅倾向把室外的空间特征引入室内（图2-12）。

③ 母子空间。

母子空间是对空间的二次限定，是在原空间（母空间）中，用实体或象征性手法再限定出小的空间（子空间）。如半开敞办公室、大餐厅中的小包厢等，它们既有一定的领域感和私密性，又与大空间有相当的沟通，是闹中取静，能很好地满足群体与个体在大空间中各得其所、融洽相处的一种空间类型（图2-13）。

图2-12 共享空间（网络）　　　　　图2-13 母子空间（网络）

④ 抬起空间与下沉空间。

抬起空间是室内地面局部抬高，在抬高面的边缘划分出的空间。由于地面抬高，成为视觉焦点，其性格是外向的，具有展示性。地台上的人们，处在居高临下的优越方位，视线开阔（图2-14）。

下沉空间是室内地面局部下沉限定出的一个范围比较明确的空间。这种空间的标高较周围低，有较强的围护感，性格是内向的。处于下沉空间中，视点降低，环顾四周，形成一定的私密性与安全感。具体要根据环境条件和使用要求来定下沉的深度和阶数（图2-15）。

图2-14 抬起空间（网络）　　　　图2-15 下沉空间（网络）

⑤ 凹入空间与凸出空间。

凹入空间是室内某一墙面或角落局部凹入的空间，一般只有一面或两面开敞，所以受干扰较少，随凹入深度的加深，其领域感与私密性加强。根据凹入的深浅，可作为休憩、交谈、进餐、睡眠等用途的空间。在餐饮等公共场所可布置卡座、服务台等（图2-16）。

凸出空间是由室内向室外部分凸出的空间，可以与室外很好地融合，视野开阔。这种空间可以丰富室内外的空间造型，增加趣味性（图2-17）。

图2-16 凹入空间（网络）　　　　图2-17 凸出空间（网络）

四、方案设计的深化——界面的设计

在平面草图的基础上进行空间优化，需要处理好室内空间的界面，因为界面是人直接看到，甚至接触到的实体要素，界面的组合可以赋予空间丰富的形态。界面的设计要考虑比例尺度、材质与色彩的运用，仔细推敲空间细节，才能符合空间文化内涵表达的需要。

（1）顶面

通过顶面的处理，进行不同区域的划分，如高低落差、色彩、材质与灯光的变化，可以使空间的形状、范围以及各个空间之间的关系明确，从而建立秩序、突出重点，凸显空间的气质与性格（图2-18）。

图2-18 顶面设计（网络）

（2）地面

地面的设计要考虑空间的区域感，与其相对应的顶面相呼应，如可以采用高差处理、材质变化（图2-19）。

（3）墙面

墙面也是围合室内空间的重要界面，它以垂直面的形式出现，基本都在人的平视范围之内，是最容易引起人们注意的界面。首先，应注重墙面的构图，讲究竖向与横向的分割体系，深入研究什么样的划分比例是合适美观的。特别需要强调的是空间的主要立面，如入口背景墙的设计。其次，要考虑墙面的图案、色彩和质感。另外，还要考虑墙面的高度、形式等与空间感的强弱变化，常见的墙面形式有：隔墙、玻璃等透明与半透明隔断、半墙、镂空隔断等（图2-20、图2-21）。

图2-21 墙面设计（网络）

图2-19 地面设计（网络）

五、方案设计的完成——氛围的营造

基于上述过程要再次验证是否完成了空间气质与氛围的营造，是否满足了设计要求。所使用的家具和软装需要满足使用要求，呼应设计主题，从而有助于营造空间氛围。这里还要考虑的是更高层次的情感体验，如是否能够引起消费者的情感共鸣（图2-22、图2-23）。

图2-20 隔断设计（网络）

图2-22 空间氛围一（网络）　　图2-23 空间氛围二（网络）

第三章　室内快题设计训练方法
Training Method of Interior Fast Design

◆ 设计思维的训练
◆ 空间思维的训练
◆ 平面方案的训练
◆ 快题综合的训练

设计是解决具体问题的，考生需具备灵活的设计思维，基于对空间功能与形式的思考，从不同的训练角度出发，层层递进，旨在培养学生设计思维的转换，提高设计能力。以一变多，具备多方案解决问题的能力，从根本上解决问题，达到室内快题设计的要求。

一、设计思维的训练

设计思维是思考、分析与创作的过程。目前各大院校越来越注重对考生设计思维的考察，因此我们应该主动迎接设计教育的变革，关注自身对设计的思考与认知，发挥创造性思维，具备提出问题、分析问题和解决问题的能力。同时能够运用图形展现思考的过程，手脑并用。

1. 设计的概念与构思

弗莱德里克在《建筑师成长记录——学习建筑的101点体会》一书中提到："设计概念越是独特，它可能产生的感染力就越大。"用独特的理念进行设计，可以帮助人们理解你的作品，并赋予你的作品不同的特质。

灵感的来源非常宽泛，这个思考与形成的过程或许让人琢磨不定，或许有迹可循，可以是一闪而过，也可以是循序渐进。我们需要做的就是基于自身的经验与大量的积累，不断挖掘设计项目本身的问题，发挥自己的潜力，寻找设计的灵感。

例如，可以把你认为这个空间需要具备的特质的词语写下来。如清新自然、朴素淡雅等。也可以是一首诗，从一个点出发去进行空间氛围的营造（图3-1）。

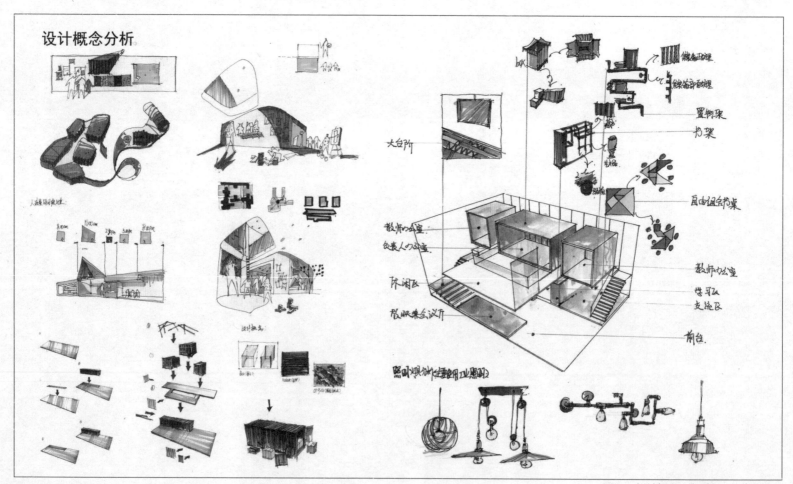

图3-1 设计概念（郑则东、苏紫莹绘）

2. 设计的元素与应用

通过设计灵感来确定具体的设计理念，然后需要做的就是如何用空间去体现它。接下来就是通过主要设计元素，并考虑其在空间中的具体应用。

在设计中需要对元素进行提取、抽象转化，然后再重构。设计师可以从不同的角度去捕捉和发现美的元素，在这些元素中提取适用的材料，使其成为自己创作的素材；同时对这些提取的元素进行转化和抽象，根据形象的构成，结合现代构成意识对其进行重构。值得一提的是用现代的观念和审美情趣去重新阐释和发掘传统的精华，寻到东西方文化的接合点，再有效地与设计作品相结合，可以形成有传统文化气息的设计作品（图3-2）。

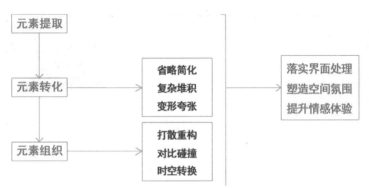

图3-2 设计元素的应用（杨倩楠绘）

（1）元素的提取

在空间设计中，设计师常将收集整理的设计素材提取转化为准确精炼的视觉符号，从而来表达空间主题，提升空间的形象识别度。空间设计是一种思维过程，它始于设计师，之后传递给大众，并产生一定的心理活动。这一传递过程需要各种表现形式的视觉符号来表达设计语言。这些视觉符号之间不是孤立的，而是相互联系在一起，形成一个有序的、系统的、符合美的规律的组织。通过空间、色彩、材质、光影、陈设等直观具体事物传达给大众，表达设计情感。

（2）元素的转化

① 省略简化。

在苏州博物馆的设计中，贝聿铭将传统苏州屋顶的符号进行提炼简化，经过重新解读，博物馆的屋顶演变成一种新的、却具有象征性与代表性的几何效果（图3-3）。

② 复杂堆积。

外婆人家餐饮空间运用竹元素进行复杂堆积的处理，营造出故乡亲切自然的环境。（图3-4）

图3-3 省略简化（网络）　　　　图3-4 复杂堆积（网络）

③ 变形夸张。

在空间设计中，也会经常用到将某主要元素进行变形夸张处理的手法，凸显意味（图3-5）。

（3）元素组织

① 打散重构。

李先生牛肉面馆将中国传统的窗户、柜子元素进行打散重构，通过一定的秩序编排，形成不一样的视觉效果（图3-6）。

图3-5 变形夸张（网络）　　　　图3-6 打散重构（网络）

② 对比碰撞。

在空间设计中，我们同样可以将两个形式、色彩、质感等不同的元素拼贴在一起，从而制造视觉上的冲突，产生的震撼力（图3-7）。

③ 时空转换。

将本应是在水里的小船悬空吊挂或固定在竖直的墙面上，不仅完成了江南水乡渔家的意象营造，也形成了一定的视觉冲击力（图3-8）。

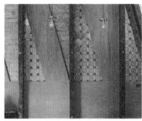

图3-7 对比碰撞（网络）　　　　图3-8 时空转换（网络）

3. 设计过程与呈现

考生要注重设计过程的图解思考分析，要善于运用草图展现思考的过程（图3-9、图3-10）。

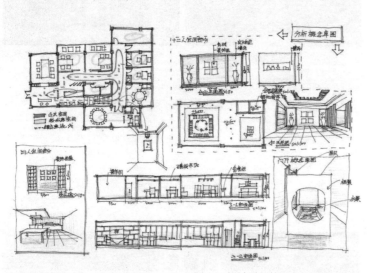

图3-9 设计过程的思考（杨倩楠绘）

元素分析

设计说明

此次设计是Loft风格的单身公寓，面积为42.25 ㎡。主要针对人群是80、90后青年白领。元素运用的是铁艺。此次设计的特点：1. 可以折叠的餐桌，可以应对人多的聚餐。2. 设有多处景观区，不仅实用还美观，实现了室外景观室内化 3. 二楼设有衣帽间与品茶区。

空间结构形态分析　　　　　**调研分析**

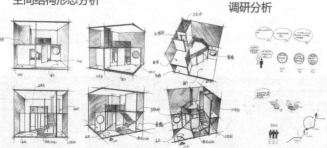

图3-10 设计过程的分析（赵林、姚康康绘）

二、空间思维的训练

1. 空间的表现

考生要注重提高手绘技巧的表现能力，学会手绘语言的熟练转换。多进行照片的写生，有利于理解空间的结构，同时还要多学习优秀的设计方案。

（1）照片写生线稿的训练

方概念（空间处理中的方形概念）→视平线（注意视平线的水平及视觉高度控制）→灭点（注意透视图中的灭点的选取和控制）→尺度与比例→大关系→整体感受（图3-11）。

图3-11 照片写生线稿（秦瑞虎绘）

（2）照片写生色稿的训练

投影（理想状态）→暗部处理→投影和暗部的调整→彩铅处理→卡线处理→亮部处理（提高光）（图3-12）。

2. 空间的理解

照片→快题: 通过对照片进行全面分析，理解空间和其平面图、立面图、剖面图的关系，即由照片推空间平面图、立面图、剖面图。具体的训练程序和步骤为：透视图绘制（读图）→环境分析→空间分析与理解→空间尺度的计算（指空间家具、设备设施、其他内含物和通道等空间尺度的计算）→平面图绘制→天花图绘制→（剖）立面图绘制→整体调整（含分析说明、POP字体等）（图3-13至图3-16）。

图 3-12 线稿上色（秦瑞虎绘）

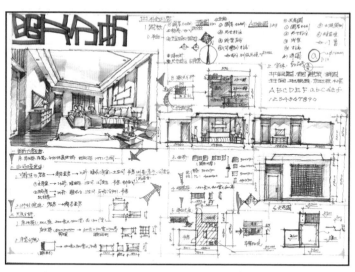

图 3-13 客房照片分析（秦瑞虎绘）

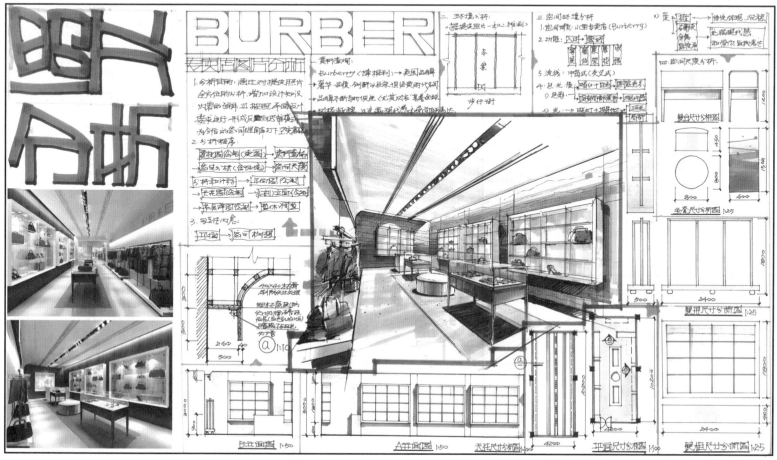

图 3-14 专卖店照片分析（秦瑞虎绘）

图 3-15 办公室照片分析（秦瑞虎绘）

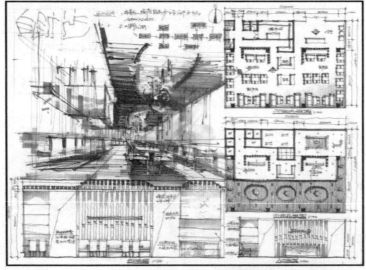

图 3-16 自助餐厅照片分析（秦瑞虎绘）

3. 空间的转换

训练考生从平面图到透视图的空间转换能力，可分为两个阶段进行训练。

（1）空间构架草图分析

画面→视平线→灭点→进深→平面大构架→空间大构架→细化处理→整体调整（图 3-17）。

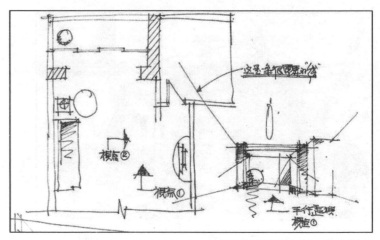

图 3-17 平面转透视（秦瑞虎绘）

（2）平面图→快题

平面图→（剖）立面图→透视图分析：平面图绘制（读图）→空间分析与理解→空间尺度计算（指空间家具、设备设施、其他内含物和通道等空间尺度的计算和绘制）→天花图绘制→（剖）立面图绘制（界面设计内容）→空间构架草图分析（画面→视平线→灭点→进深→平面大构架→空间大构架→细化处理→整体调整）→透视图绘制→整体调整（含分析说明、POP 字体等）（图 3-18、图 3-19）。

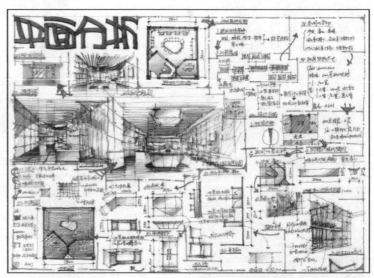

图 3-18 办公室平面分析（秦瑞虎绘）

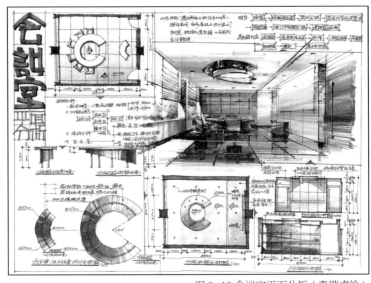

图 3-19 会议室平面分析（秦瑞虎绘）

三、平面方案的训练

1. 平面形式

平面布局可以分为以下三种形式：横平竖直、转角形式、曲线（图3-20、图3-21）。

（1）横平竖直

整体平面布局呈横平竖直的规矩网格状，是比较常用的空间划分形式。优点：整体空间四平八稳，较规整。缺点：效果图不好表现。

（2）转角形式

入口斜45°，牺牲自我面积，进行视觉引导。空间的主要形式也随着45°网格展开。优点：新颖。缺点：有时会产生空间死角。

（3）曲线

圆、圆弧或曲线形成丰富多变的空间形态。优点：形式柔美、浪漫，空间形态丰富多变。缺点：造价高，效果图不好表现。

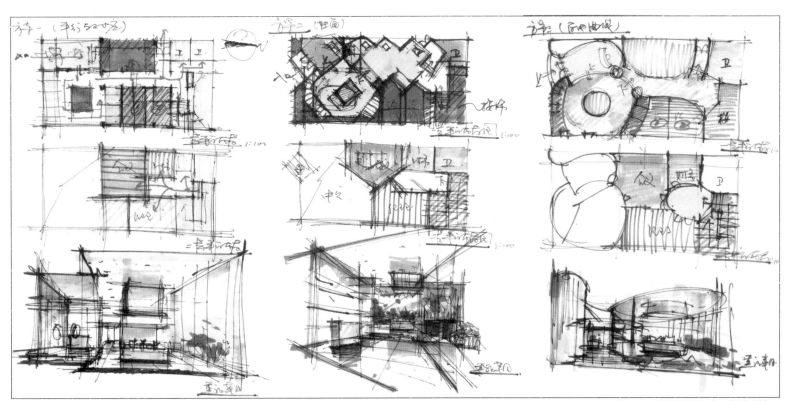

图 3-20 三种平面形式（秦瑞虎绘）

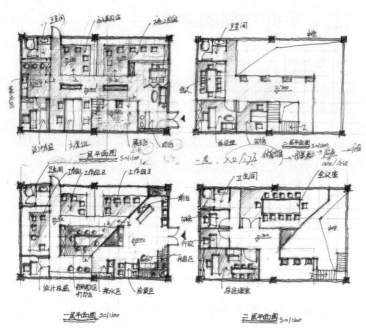

图 3-21 办公空间平面形式（杨倩楠绘）

2. 多方案的训练

（1）一层、两层之间的转换

在同一任务书的基础上，通过对空间的灵活处理，进行空间层数的拓展和压缩练习，这也是在锻炼考生对主要空间和次要空间及空间序列的处理能力。一层空间变两层时要考虑楼梯的位置，可以把对私密性要求比较高的空间放置在二层。两层空间变一层时，着重培养考生对空间功能的压缩处理能力，需要保留主要空间，压缩次要空间。

（2）同形式不同功能性质的置换

在一个深入、优秀的空间平面上，保留空间形式的主要设计亮点，进行不同功能的置换，培养对优秀案例的借鉴和转换能力，达到活学活用目的。

3. 相关案例列举

（1）案例 1

将一层售楼部方案（图 3-22）进行空间功能拓展，变成两层，将部分功能，如总经理室、会议室和财务室等功能放置在二层空间（图 3-23）。

保留上述售楼部方案的主要空间划分形式，把空间功能进行置换，如将售楼部转换为书吧和展览馆空间，保留相似的功能，如入口、前台、休息区和卫生间等，然后植入新的功能（图 3-24、图 3-25）。

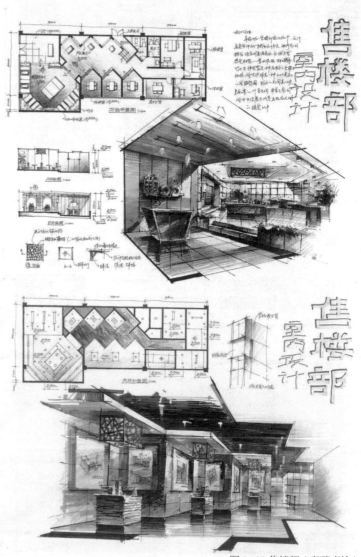

图 3-22 售楼部（秦瑞虎绘）

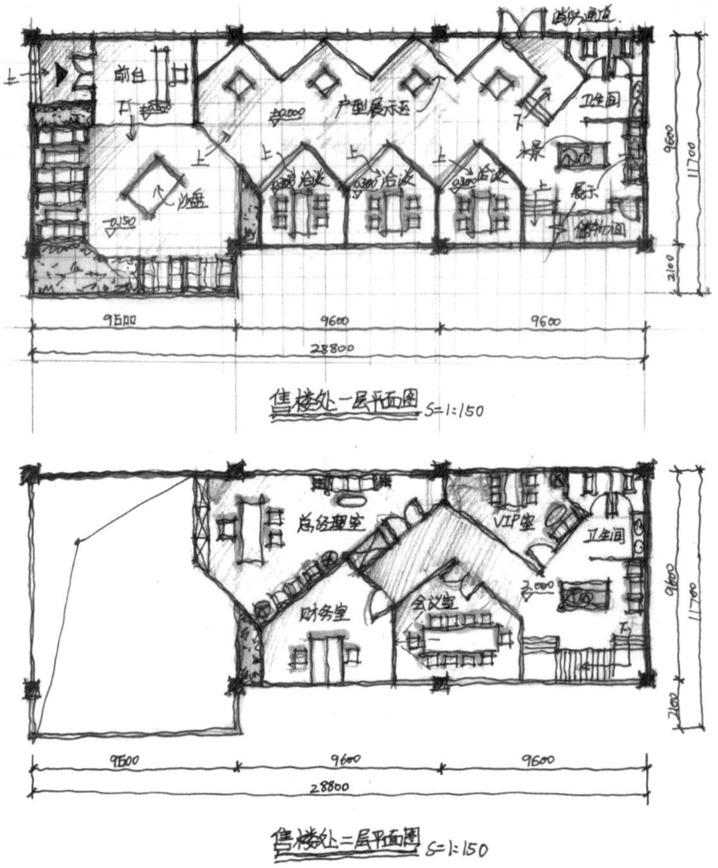

图 3-23 一层变两层（杨倩楠绘）

图 3-24 书吧（杨倩楠绘）

图 3-25 展览馆（杨倩楠绘）

（2）案例 2

将原有快餐店方案（图 3-26）进行功能转化，保留其方案的主要平面划分形式，以及相似功能，如入口、前台、卫生间等，将空间功能进行置换为茶吧（图 3-27）。另外，还可以将一层空间进行功能拓展与置换，转化为具有两层空间的咖啡吧（图 3-28）和快餐店（图 3-29）方案。

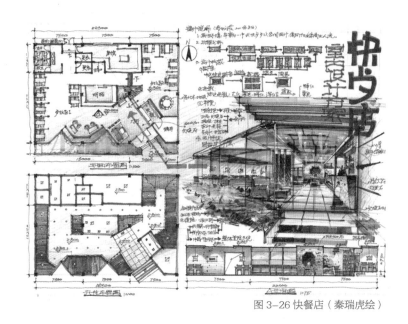

图 3-26 快餐店（秦瑞虎绘）

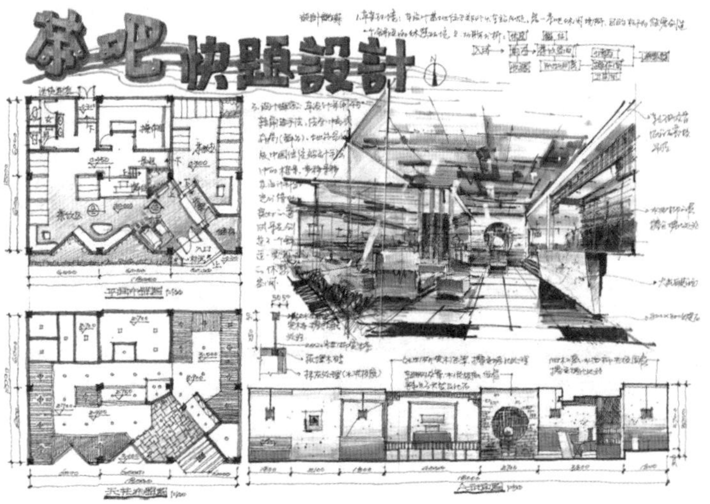

图 3-27 茶吧（秦瑞虎绘）

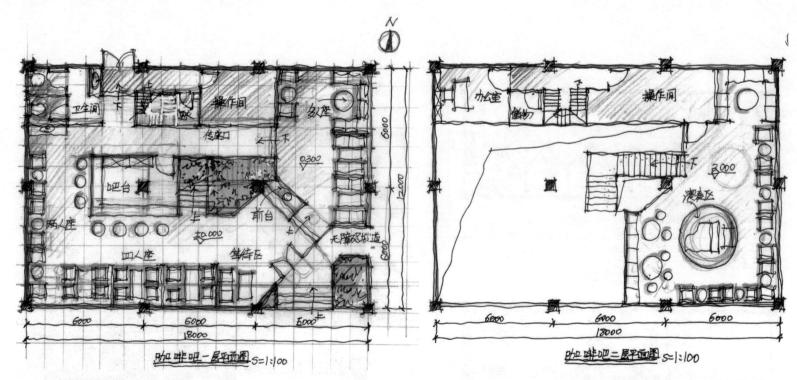

图 3-28 咖啡店（杨倩楠绘）

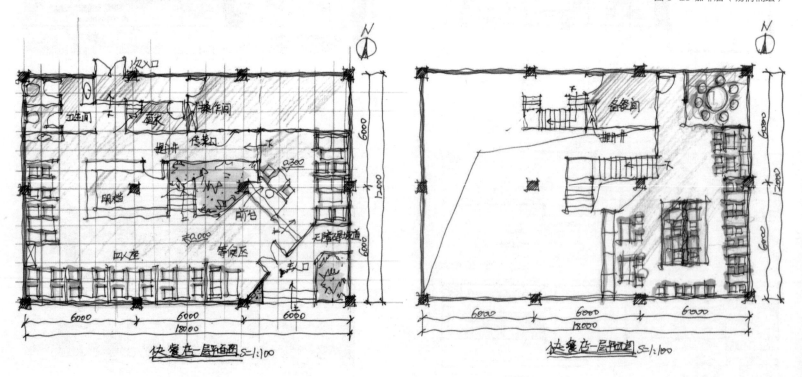

图 3-29 快餐店（杨倩楠绘）

（3）案例3

保留原有箱包店方案的平面形式，将功能置换为公寓、服装店和书屋

（图3-30至图3-33）。

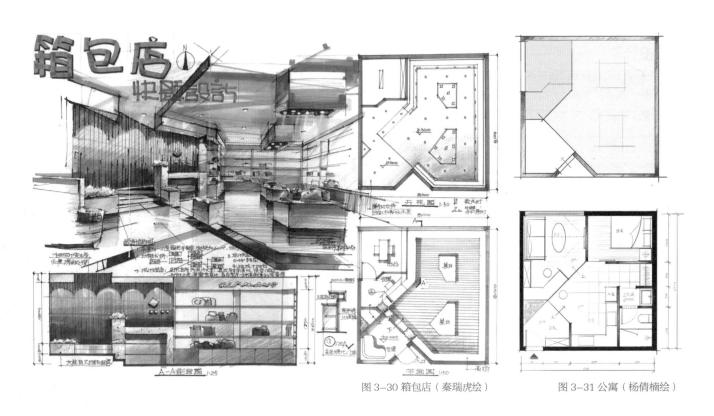

图3-30 箱包店（秦瑞虎绘）　　　　　图3-31 公寓（杨倩楠绘）

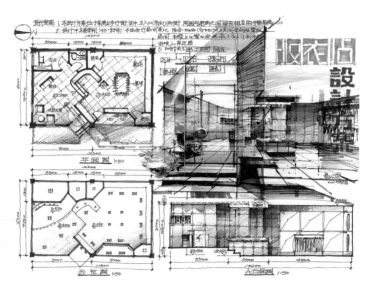

图3-32 服装店（秦瑞虎绘）

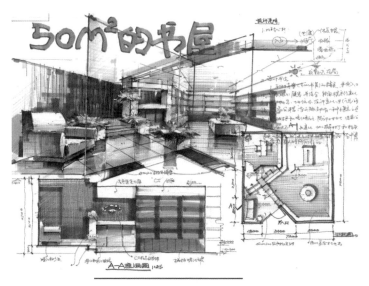

图3-33 书屋（秦瑞虎绘）

四、快题综合的训练

1. "慢题设计"

在前面训练的基础上可以开始"慢题设计"（类似于学校里老师布置的长期课题）的训练，重点在于训练方案的综合设计、表达、表现等控制能力，为快题设计奠定基础（图 3-34）。

2. 快题设计

进行了以上的阶段训练后，接下来就可以开展正式的快题设计训练，建议多进行"立体式思维"模式（审题→平面分析和布局→空间透视）的训练，具备了这种思维能力，其他图纸就会迎刃而解（图 3-35 至图 3-37）。

图 3-34 安阳设计手绘馆（唐波、宋阿媛绘）

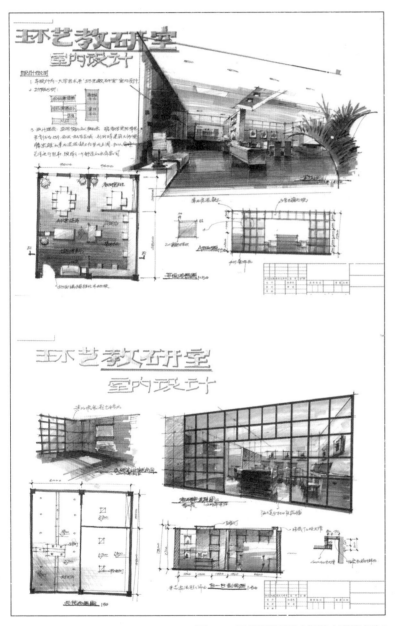

图 3-35 环艺教研室室内设计（秦瑞虎绘）

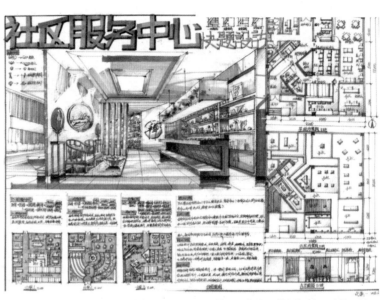

图 3-36 社区服务中心快题设计（武潇一绘）

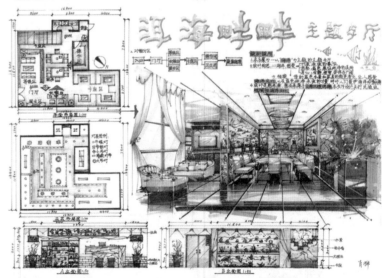

图 3-37 主题餐厅快题设计（肖桦绘）

第四章　室内快题方案设计解析

Interpretation of Representative Works

针对考研快题设计，下面从不同类型的空间对其进行深入解析，主要包括不同空间类型的设计要点、注意事项及相关快题设计案例。

一、家居空间室内快题方案设计

随着社会的不断进步，家不能简单地说是"住的场所"。这是因为家居空间的功能有了交织重叠，而且用途更加多元化。比如，现在比较流行

的家庭式办公空间等。家居空间设计针对的是具体、真实的业主，所以每个家居空间设计的目标都是独一无二的，需要从业主需求的功能考虑各个房间的性质。此外，还必须关注社会问题，比如常考的老年公寓。由于考研快题中家居空间的面积都不大，所以在进行公寓设计时注重空间的可变性与家具的灵活组合（图4-1）。

随着计划生育政策的放开，二胎已经成为现实，产品创新也需要顺应这个变化。其中，比较重要的一个创新点就是全生命周期户型。所谓全生

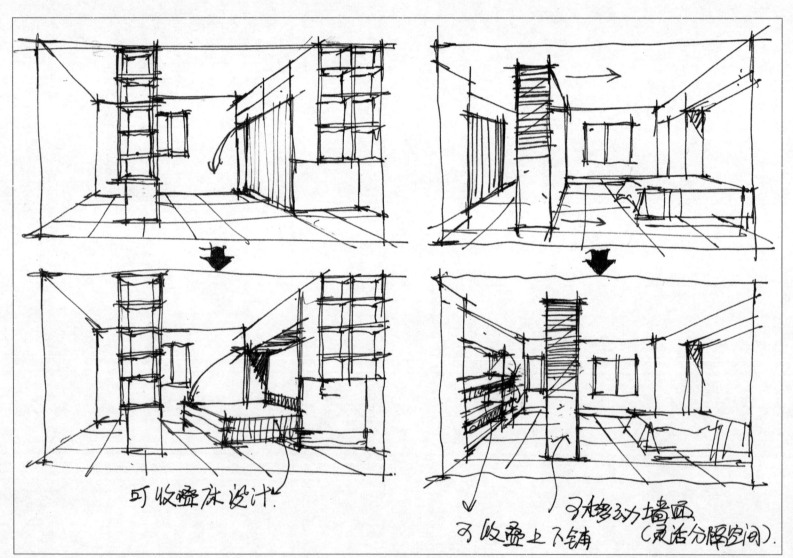

图4-1 可变家具（杨倩楠绘）

命周期，也就是让户型根据人生每个不同阶段的生活需求而改变，与家庭一起成长。对于客户而言，全生命周期户型可以减少换房波折，实现一步到位，比如年轻夫妻买了这套房，生了孩子也不需要换房，三代同堂也住得下。标准的两室两厅一卫户型，通过空间分割的随意变换，户型可变两室、三室，甚至四室（图4-2、图4-3）。

1. 家居空间的功能及设计分析

在家居空间中，根据功能类型的不同，主要有玄关、客厅、餐厅、厨房、卧室等，应注意各个功能的设计要点，现在将其总结如下，并附上主要家具尺寸（图4-4）。

（1）玄关

玄关指的是居室入口的第一个区域，是室外与室内的一个过渡、缓冲空间。在使用功能上，玄关可以用来作为简单地接待客人、接收邮件、换衣、换鞋、放包的地方，也可设置为放包、钥匙等小物品的平台。

（2）客厅

客厅是人们的日常生活中使用最为频繁的地方，它的功能集聚会、交流、放松、游戏、娱乐等为一体。作为整个家居空间的中心，客厅值得获得人们更多的关注。因此，客厅往往被主人列为重中之重，精心设计、精选材料，可以充分体现主人的品位。客厅尺寸大小决定了沙发的尺寸及形式，主要的家具有沙发、茶几、电视柜等。

（3）餐厅与厨房

餐厅需要考虑与厨房的关系。厨房的形式有封闭式和开敞式，一般中式厨房油烟较大，建议做成封闭的。常见的厨房外观有：一字形、L形、U形等。厨房的三大核心区域包括：水槽区、备餐区和烹饪区。

（4）卧室

卧室主要满足休息睡眠、梳妆、换衣及阅读休闲等功能。相比次卧，主卧的功能要更丰富些，一般有独立的卫生间、衣帽间等。

图4-2 全周期户型研究（吴舟绘）

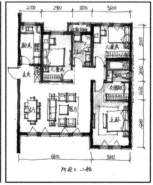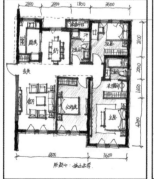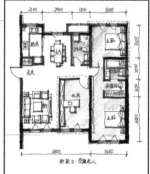

图4-3 五个阶段户型（杨倩楠绘）

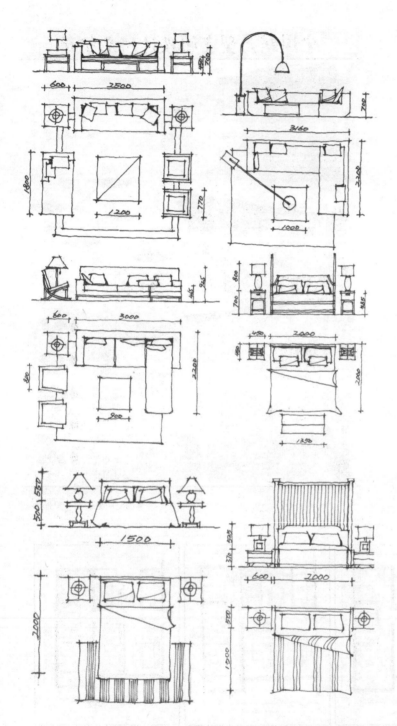

图4-4 客厅、卧室家具常用尺寸图（李国胜绘）

（5）卫生间

卫生间主要满足清洗等功能，如果面积允许的话最好做到干湿分离。卫生间一般有洗手台、马桶、淋浴、浴缸等。马桶的尺寸和位置，需要考虑使用空间与人的活动范围。如果家中有老人或残疾人还需考虑无障碍设计，如安装扶手、淋浴区要考虑坐凳等（图4-5）。

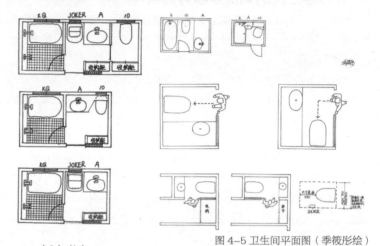

图4-5 卫生间平面图（季筱彤绘）

（6）书房

书房又称家庭工作室，是作为阅读、书写以及业余学习、研究、工作的空间。书房是人们结束一天工作之后再次回到办公环境的一个场所。因此，它既是办公室的延伸，又是家庭生活的一部分。书房的双重属性使其在家庭环境中处于一种独特的地位。与此同时，还需要考虑主人具体的工作性质（图4-6）。

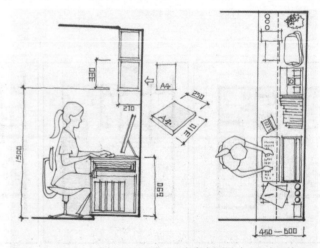

图4-6 书房主要尺寸（吴康乐绘）

（7）阳台

阳台是建筑物室内的延伸，是居住者呼吸新鲜空气、晾晒衣物、休闲娱乐、摆放盆栽的场所，应注重实用与美观的双重原则。

（8）家居空间常用尺寸

下表为家居空间常用尺寸，供考生参考。

家居空间常用尺寸

客厅	沙发 单人式：长 800 ~ 950 mm，深 850 ~ 900 mm；坐垫高：350 ~ 420 mm；背高：700 ~ 900 mm 双人式：长 1260 ~ 1500 mm；深 800 ~ 900 mm 三人式：长 1750 ~ 1960 mm；深 800 ~ 900 mm 四人式：长 2320 ~ 2520 mm；深 800 ~ 900 mm
	茶几：长 600 ~ 750 mm，宽 450 ~ 600 mm，高 380 ~ 500 mm（380 mm 最佳）
卧室	床：1500 mm×2000 mm，1800 mm×2000 mm； 床高：400 ~ 450 mm 床头柜：宽 400 ~ 600 mm 衣橱：深 600 ~ 650 mm；推拉门深 700 mm，衣橱门宽度：400 ~ 650 mm
书房	办公桌：长 1200 ~ 1600 mm；宽 500 ~ 650 mm；高 700 ~ 800 mm 办公椅：长 450 mm；宽 450 mm；高 400 ~ 450 mm 书柜：高 1800 mm；宽 1200 ~ 1500 mm；深 450 ~ 500 mm 书架：高 1800 mm；宽 1000 ~ 1300 mm；深 350 ~ 450 mm
餐厅	餐桌高：750 ~ 790 mm 餐椅高：450 ~ 500 mm 圆桌直径：四人 900 mm；六人 1100 ~ 1250 mm；八人 1300 mm 方餐桌尺寸：两人 700 mm×850 mm；四人 1350 mm×850 mm
厨房	操作台：宽 600 mm，高 750 ~ 800 mm 吊柜高：700 mm，吊柜顶 2300 mm
卫生间	卫生间面积：3 ~ 5 m²。 浴缸长：1220 mm、1520 mm、1680 mm；宽 720 mm；高 450 mm 坐便：750 mm×350 mm 冲洗器：690 mm×350 mm 盥洗盆：550 mm×410 mm 淋浴器高：2100 mm 化妆台：长 1350 mm；宽 450 mm

2. 相关案例列举

相关案例列举详见图 4-7 至图 4-13。

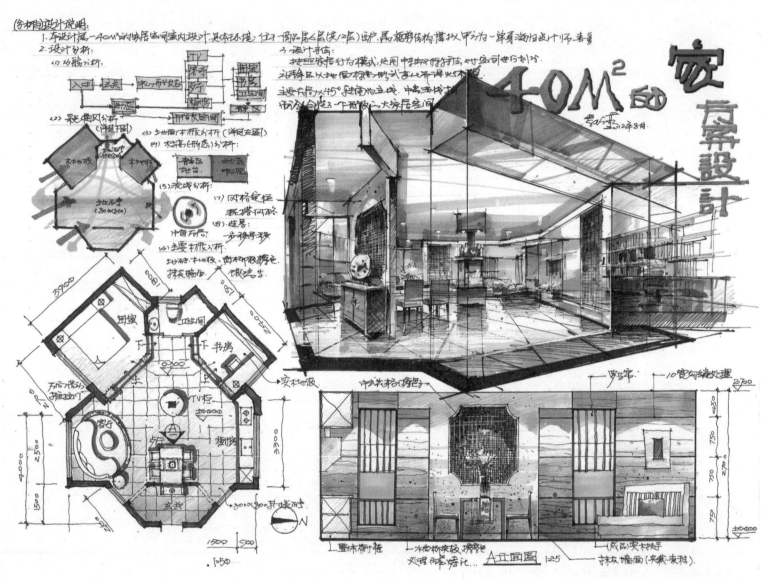

图 4-7 40 m² 的家快题设计（秦瑞虎绘）

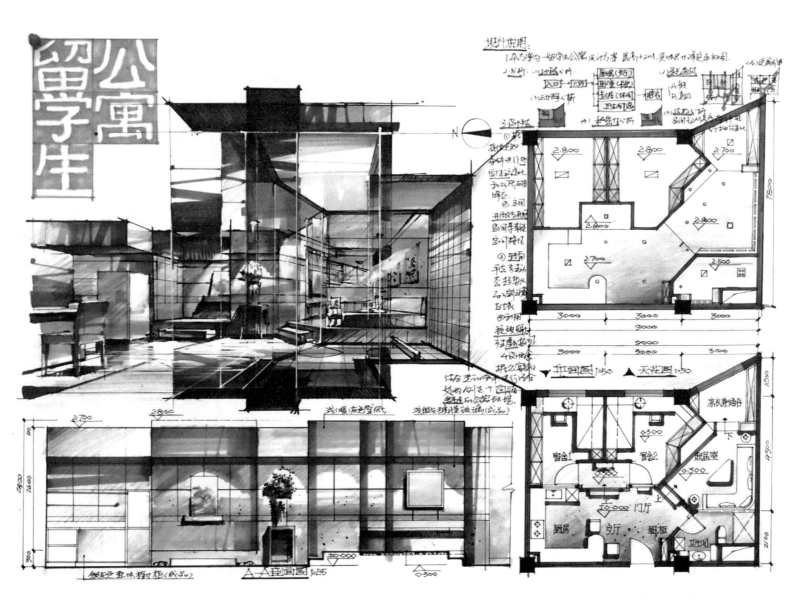

图 4-8 留学生公寓快题设计（秦瑞虎绘）

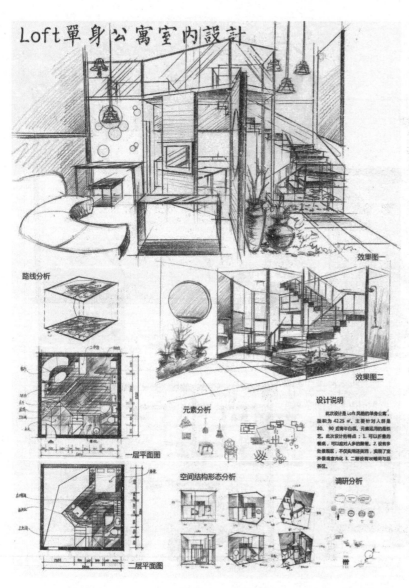

图 4-9 Loft 单身公寓室内设计（赵林、姚康康绘）

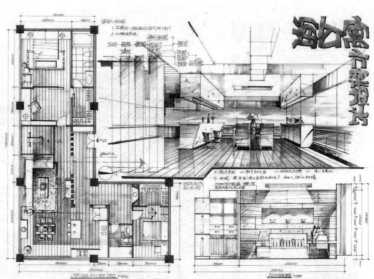

图 4-10 海公寓方案设计（秦瑞虎绘）

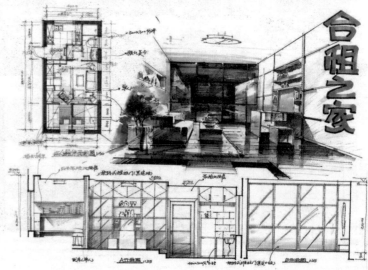

图 4-11 合租之家快题设计一（秦瑞虎绘）

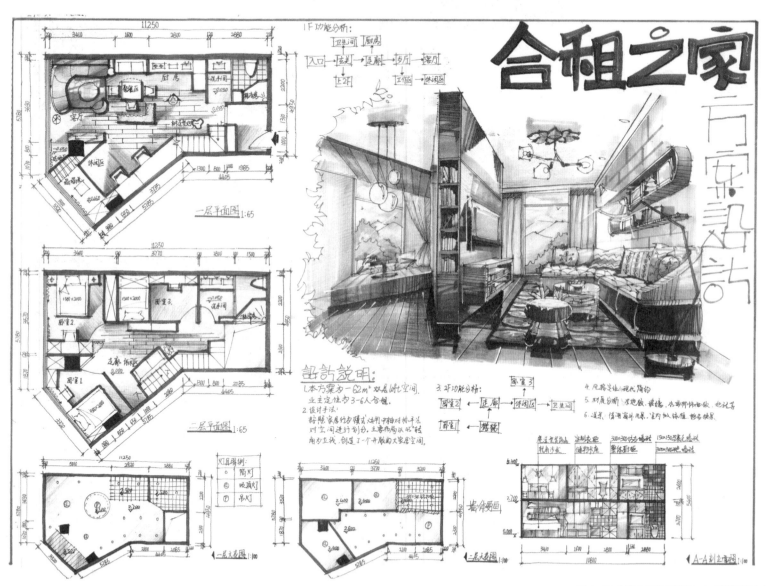

一层平面图 1:65

二层平面图 1:65

1F功能分析:

合租之家 方案设计

设计说明:

1.本方案为一62m²双层LOFT空间,业主定位为3-6人合租.

2.设计手法:
按照家居的属性,采用田抽对称手法,对空间进行划分,主要用以怅能用分与我,创造了一个开敞的大家居空间.

二层功能分析:

图 4-12 合租之家快题设计二（董佳琪绘）

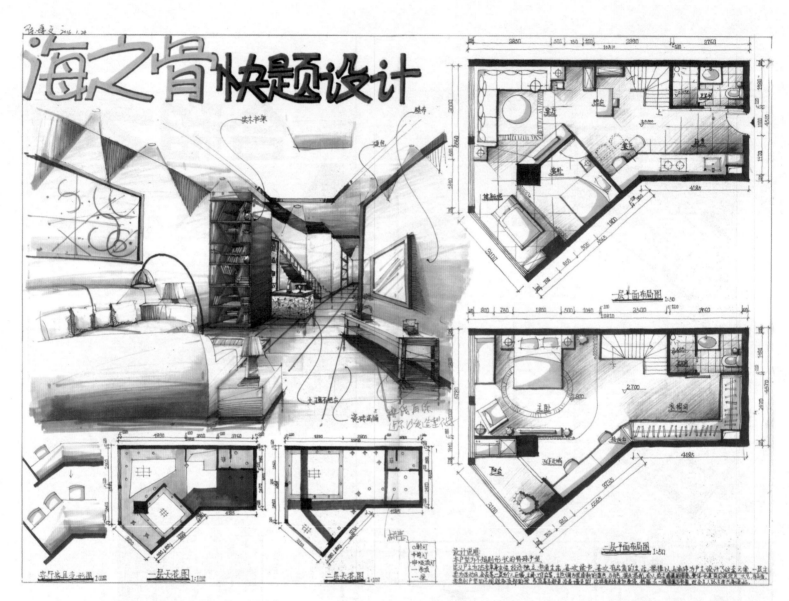

图4-13 海之骨快题设计（陈博文绘）

二、餐饮空间室内快题方案设计

目前,餐饮空间对于品牌与文化内涵的体现重视程度比较高。设计师通过对空间进行严密的计划、合理的安排,可以为商家和消费者提供一个产品交换的好平台,同时也给人们带来方便和精神享受。餐饮空间设计首先要满足实用功能和精神功能的双重需求,同时还需考虑技术功能,以及创造经济价值。

根据面积的大小,餐饮空间可分为大型、中型、小型。小型餐饮空间一般在 100 m² 以内,中型餐饮空间一般在 100 ~ 500 m²,大型餐饮空间一般在 500 m² 以上。在室内快题设计中一般以中小型为主。常见的餐饮空间类型有:快餐型、中餐、西餐、咖啡厅等。目前主题餐饮空间比较多,常见的主题类型有:地域环境、自然条件、生活方式、人文景观及本土材料等,旨在为顾客提供一个别具一格的用餐场所,使顾客在享受饮食文化的同时,还能够感受到深层次的文化韵味。

1. 餐饮空间的功能及设计分析

餐饮空间的主题类型多种多样,分类方式也不尽相同。不同类型的主题使得餐饮空间的装饰设计和氛围意境也会产生很大的不同。现将大致的主题类型总结如下:

主题餐厅的主题类型

地域文化	历史文脉	文艺作品	装饰元素
异国风情 中原传统文化 西北文化 少数民族文化 ……	唐朝文化 宋代文化 怀旧主题 ……	红楼梦 三国演义 武侠主题 动漫主题 ……	鱼主题 竹主题 ……

餐厅的内部空间,按照使用功能可分为客用空间(用餐区、前台接待区、衣帽间等),公用空间(卫生间等),管理空间(服务台、办公室等)、流动空间(通道、走廊等)。在总体布局时,应把入口、门厅作为第一空间序列,散座、包间作为第二空间序列,厨房、仓库作为最后一个空间序列。功能划分应明确,以减少相互间的影响(图4-14)。

功能分析

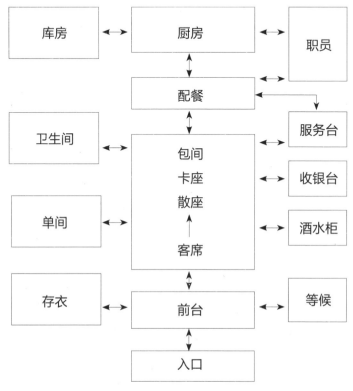

图4-14 餐饮空间功能分析(杨倩楠绘)

(1)入口和门厅

因为入口和门厅人流量比较集中,空间要开敞。等位区为顾客提供等候休息的地方,一般配有沙发、茶几和书籍报刊,是餐饮空间最能体现人气的区域,休息位的数量应根据整个餐饮空间的座位数量合理配比。

(2)前台

前台可以展现餐饮空间的特色,提供咨询、收银等服务功能。

(3)散座区

散座区在空间流动、通透的基础上,要考虑座位间的私密性,可用隔断或植物等手段为顾客营造归属感,同时不影响顾客感受整体的空间氛围。散座区可以根据不同的人数和座位形式划分成若干区域。根据人数的不同,可以分为：二人座、四人座、六人座、八人座等。根据座位的形式可以分为：方桌区、长桌区、圆桌区、卡座区等。每个餐桌旁边应留 1.2 m 净宽的通道以便收餐，餐车通过的过道宽度至少需要 1.5 m。（图 4-15）

（4）包间

根据容纳人数的不同包间可分为大型包间、中型包间和小型包间，也可根据需要设置可开合包间，满足不同人数的就餐需求。另外，还需考虑衣柜或衣架、备餐间、休息等候区、独立卫生间等的设计。

（5）卫生间

卫生间切忌与厨房连在一起，同时要避免紧连着餐厅，甚至挨近餐桌，以免影响客人的食欲。卫生间的空间能容纳 3 人以上，应注意男女公共卫生间的尺寸及设施的不同，男卫生间要有小便池和隔间，一般女卫生间面积可比男卫生间大一些。还应考虑无障碍设计。

（6）厨房和库房

厨房和库房不能影响到就餐区。在快题设计中，一般只需确定厨房的位置和面积，不需要对内部进行设计。

2. 餐饮空间动线设计分析

餐厅动线指的是顾客、服务员、食品与器皿在餐厅内流动的方向和路线，设计时要避免顾客动线和服务动线产生冲突。两者如有冲突，应遵循先满足客人的原则；通道要时刻保持通畅，简单明了。服务线路不宜过长，尽量避免穿越到其他用餐空间，适宜采用直线，避免迂回绕道，影响顾客的进餐情绪。员工动线要讲究高效，原则上动线应越短越好。

3. 相关案例列举

相关案例列举详见图 4-16 至图 4-23。

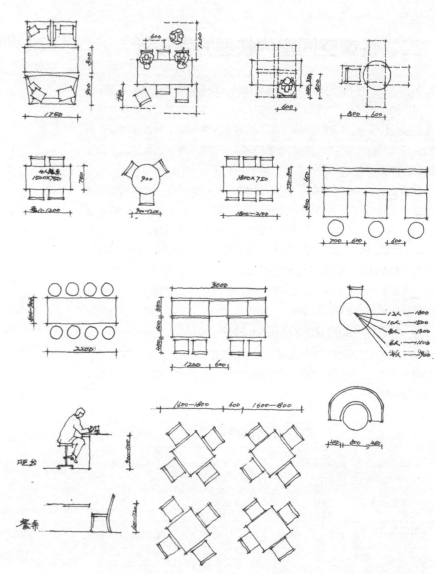

图 4-15 餐桌椅平面图（李国胜绘）

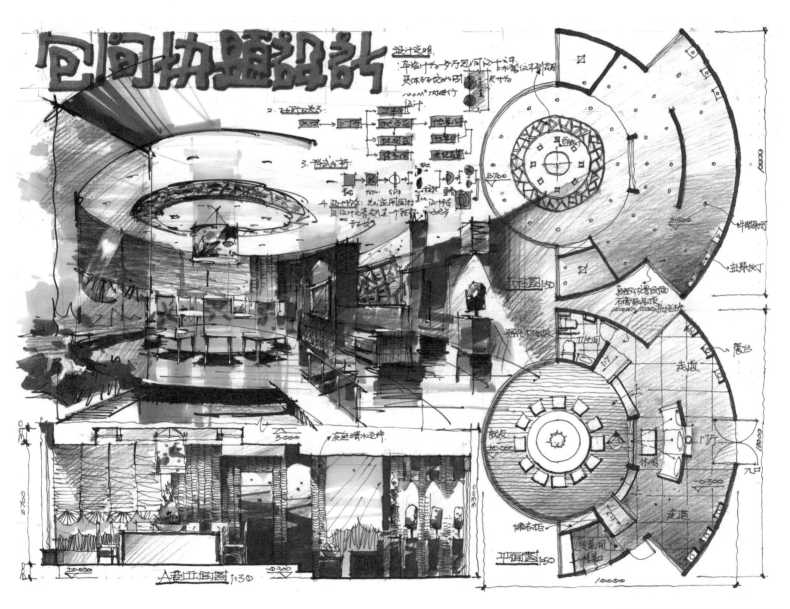

图 4-16 包间快题设计（秦瑞虎绘）

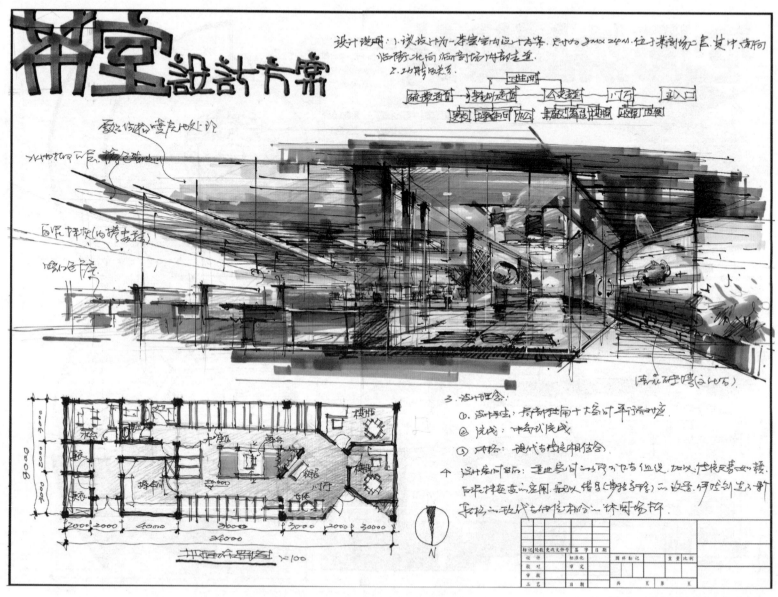

图4-17 茶室设计方案（秦瑞虎绘）

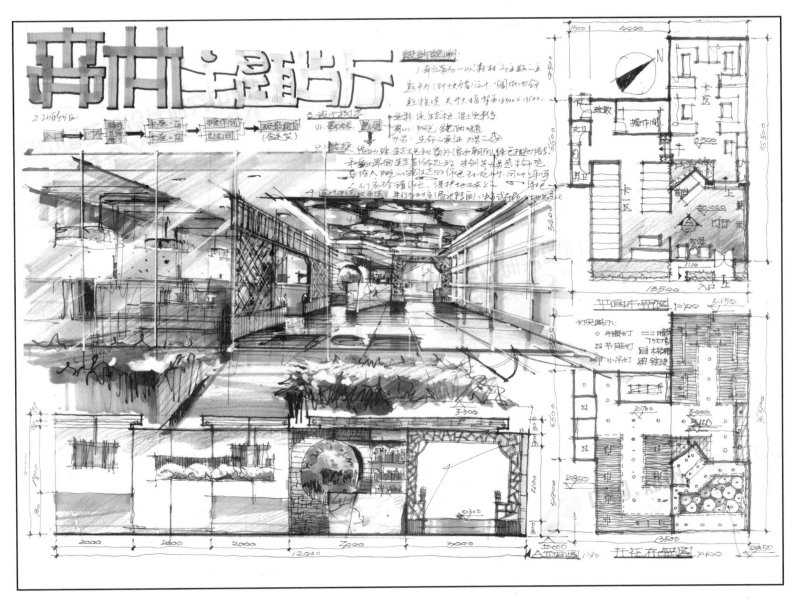

图 4-18 森林主题餐厅快题设计（秦瑞虎绘）

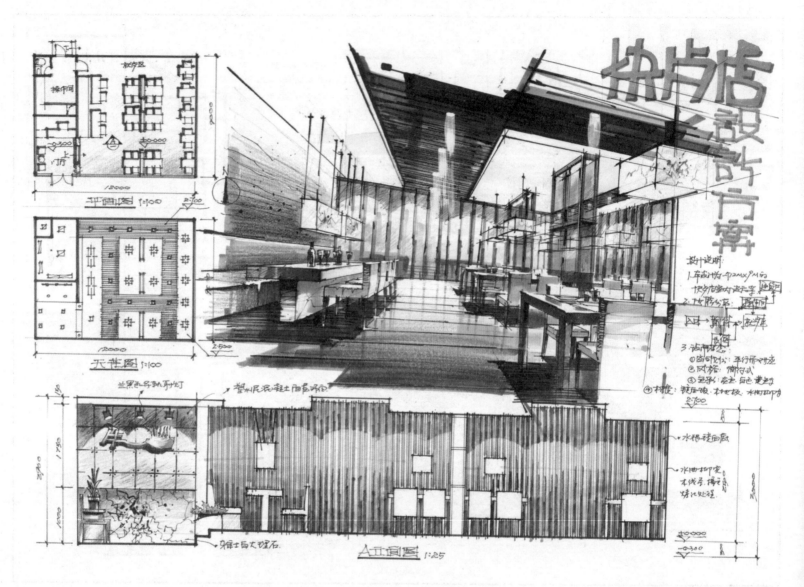

图4-19 快餐店设计方案（秦瑞虎绘）

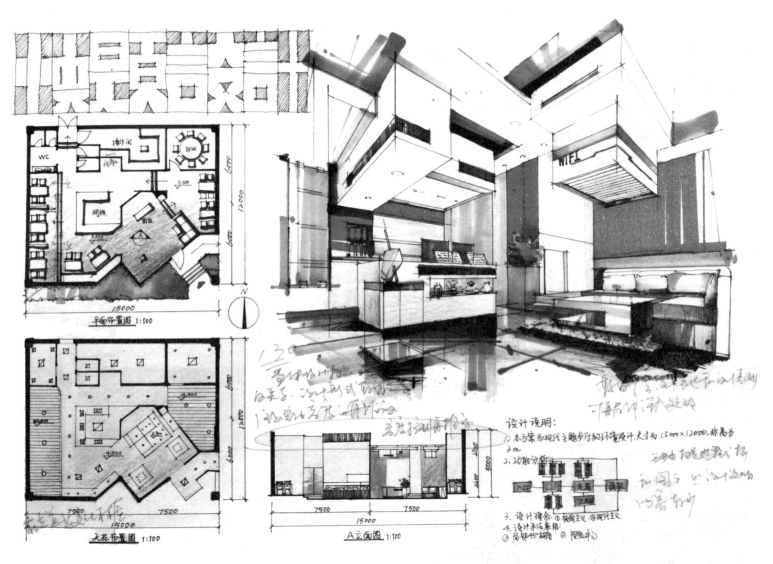

平面布置图 1:100

天花布置图 1:100

A立面图 1:100

设计说明：
1、本方案为项线主题步行厨环境设计,尺寸为 15000×12000,林高为 3 m。
2、功能分析：
3、设计理念：①现丽主义 ②现代主义
4、设计手法采用：
①局部15级插 ②视丽中心

图4-20 餐饮空间快题设计（江丽娜绘）

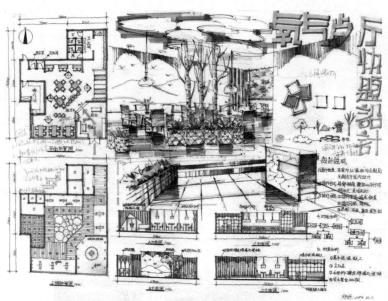

图 4-21 氧气餐厅快题设计（郑娇绘）

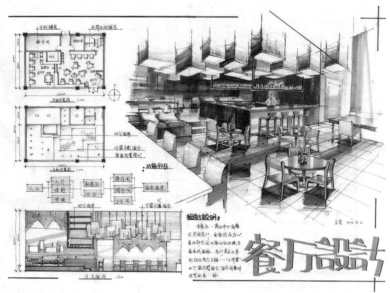

图 4-23 餐厅快题设计（王岚绘）

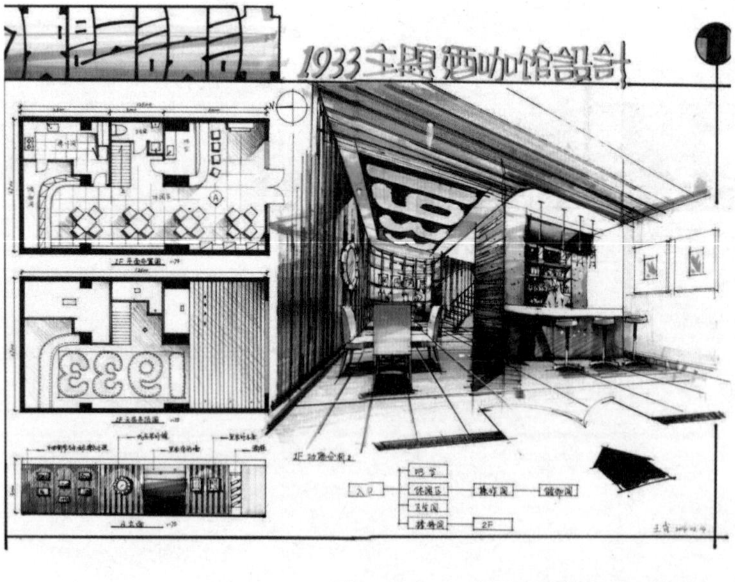

图 4-22 1933 主题酒吧快题设计（王岚绘）

三、办公空间室内快题方案设计

办公空间是为处理一些特定事务或提供某种服务的场所，因此，要体现出简约、时尚、舒适、实用的设计，让身在其中的人有积极向上的生活、工作追求。而办公室整体设计则能恰到好处地突出企业文化，同时办公室的设计风格也能彰显出其使用者的性格特征，办公空间设计的好坏直接影响着整个企业的形象。

随着社会的发展，办公空间的设计正在趋于多样化，如"绿色办公"，生态意识贯穿了景观办公室设计的始终，无论是建筑外观的设计、内部空间的设计，还是整体设计，都注重人与自然的完美结合，力求在办公空间区域内营造出清新自然的生态环境，使人们在办公室可以享受到充足的阳光，呼吸到新鲜的空气。在空间布局上创造出一种非理性的、自然而然的，具有宽容、自在心态的空间形式，即"人性化"的空间环境。这样的空间通常采用不规则的摆放方式，室内色彩以和谐、淡雅为主，并用盆栽植物、高度较矮的屏风、橱柜等进行空间的分隔。另外，目前与社会热点贴合比较近的"众创空间"，是顺应大众创新、开放创新趋势，把握互联网环境下创新创业的特点和需求，通过市场化机制、专业化服务和资本化途径构建的低成本、便利化、全要素、开放式的新型创业服务平台的统称。

1. 办公空间功能及设计分析

在室内快题设计考研中，常见的题目为设计师工作室设计，主要有前台、开敞办公区、会议室、休息交流区、资料档案室、打印区、设计总监室、总经理室、行政室、财务室等。在办公室中职位越高，空间的独立性与私密性就越强（图4-24）。

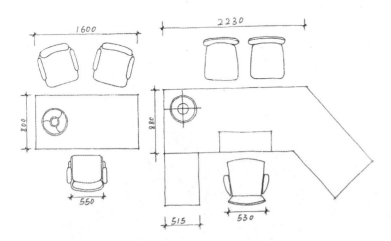

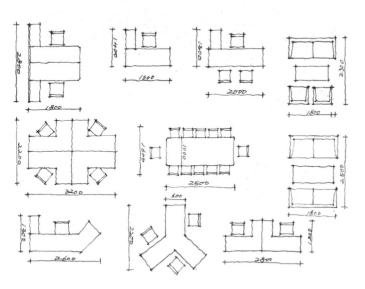

图4-24 办公桌椅平面图（季筱彤绘）

2. 相关案例列举

相关案例列举详见图4-25至图4-38。

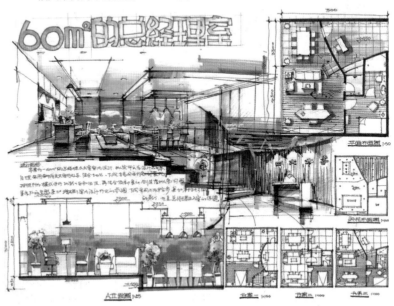

图4-25 60 m² 总经理室快题设计（秦瑞虎绘）

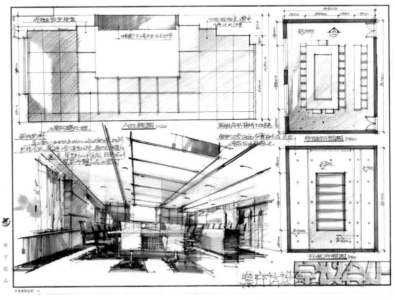

图4-26 会议室快题设计（秦瑞虎绘）

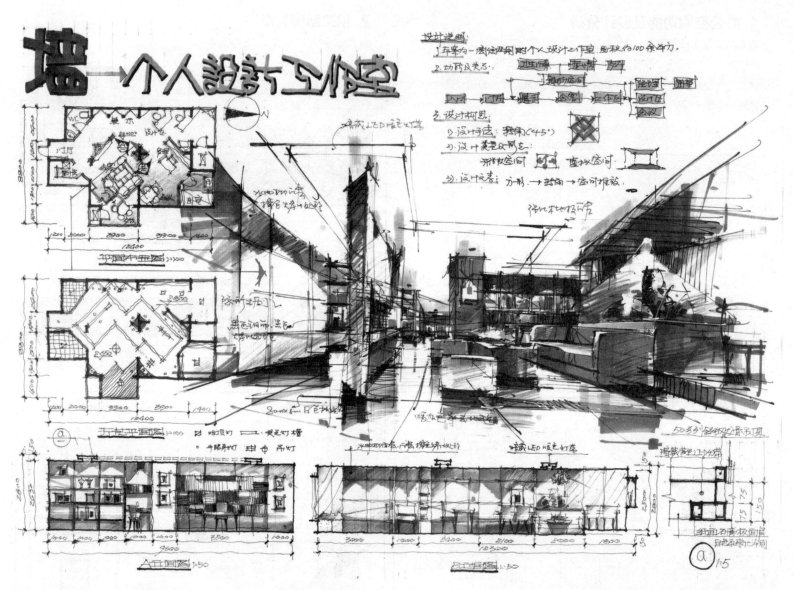

图 4-27 个人设计工作室快题设计（秦瑞虎绘）

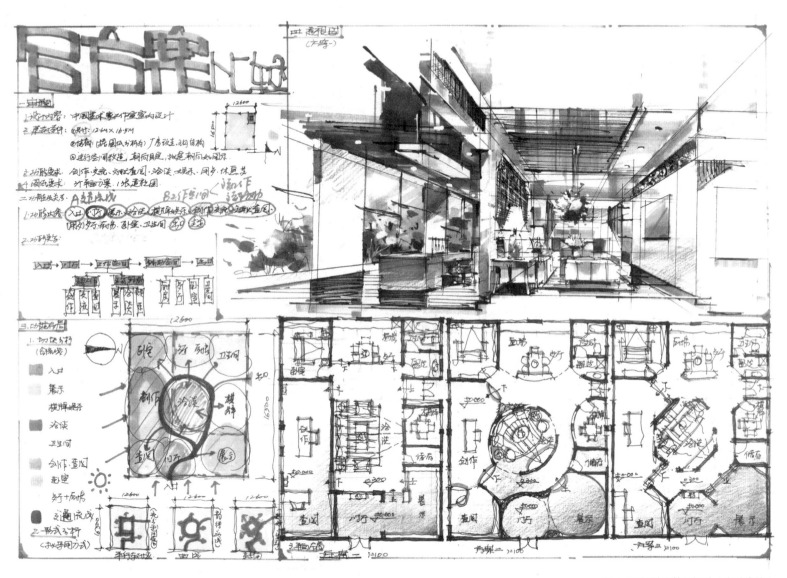

图 4-28 设计室快题设计（秦瑞虎绘）

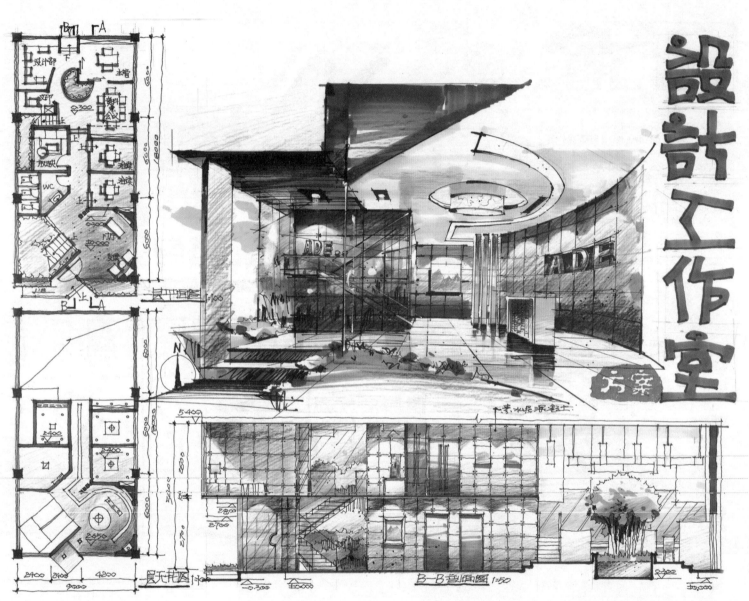

图 4-29 设计工作室快题设计一（秦瑞虎绘）

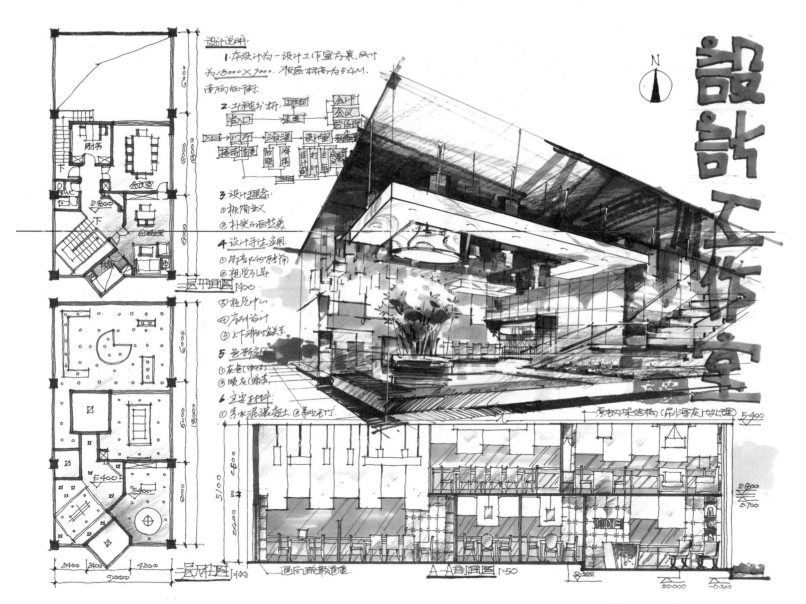

图4-30 设计工作室快题设计二（秦瑞虎绘）

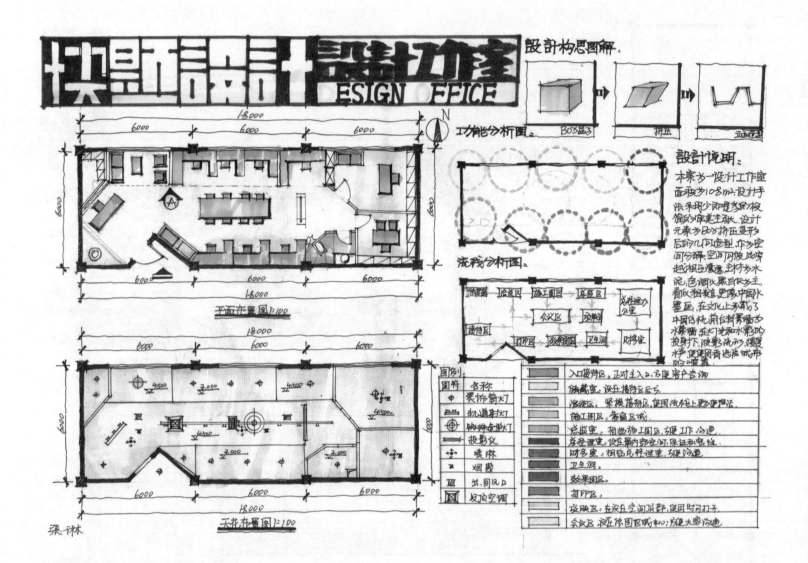

图 4-31 设计工作室快题设计三（张琳绘）

图 4-32 设计工作室快题设计四（张琳绘）

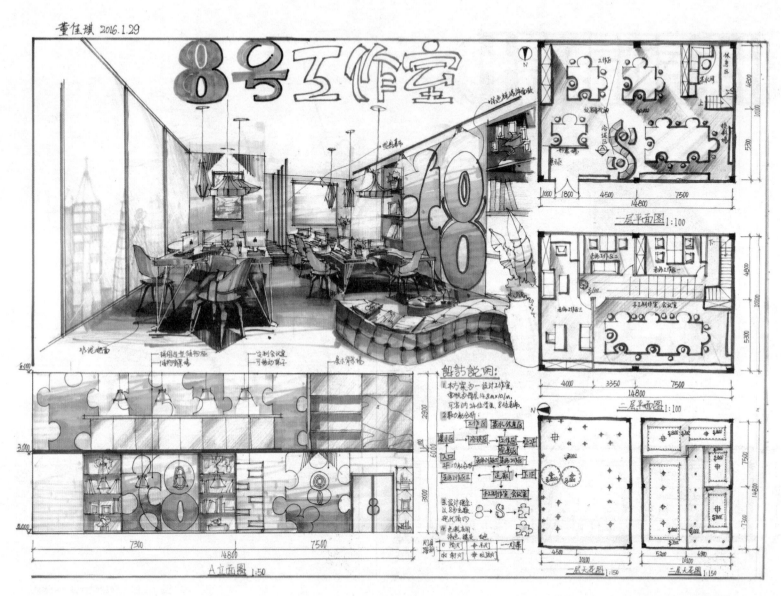

图 4-33 8 号工作室快题设计（董佳琪绘）

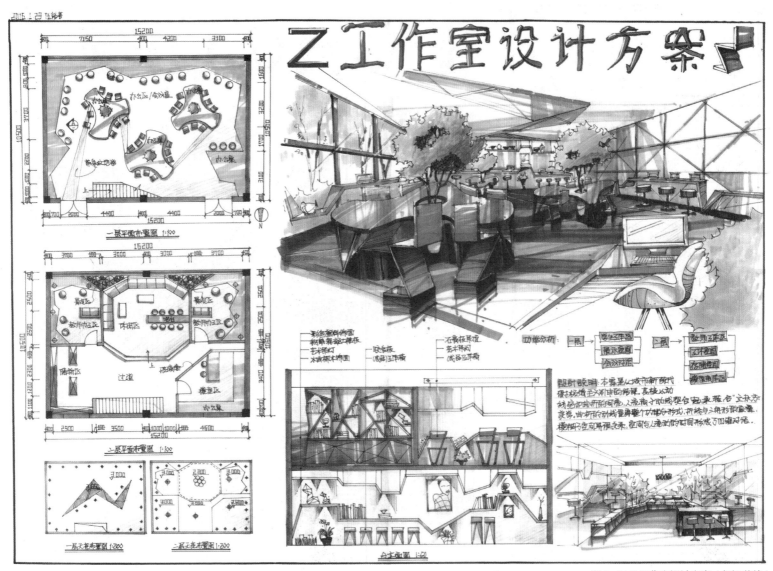

图 4-34 Z 工作室设计方案（伍裕荣绘）

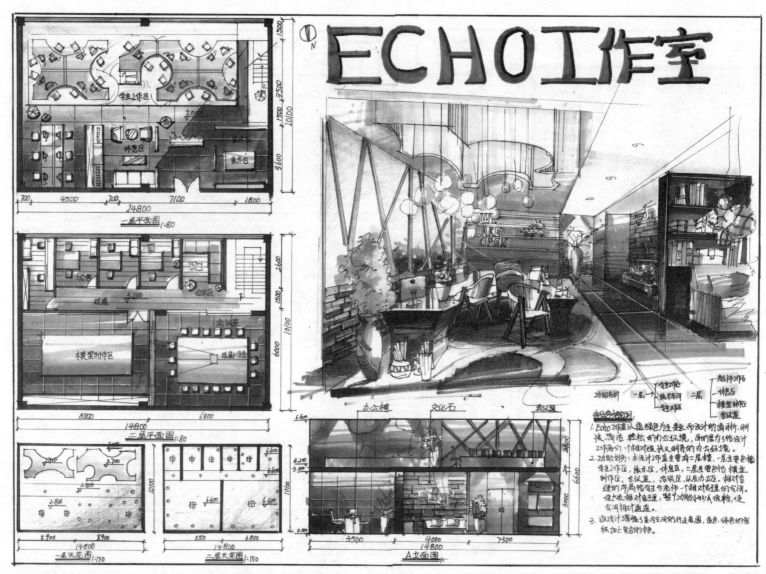

图4-35 ECHO工作室快题设计（回音绘）

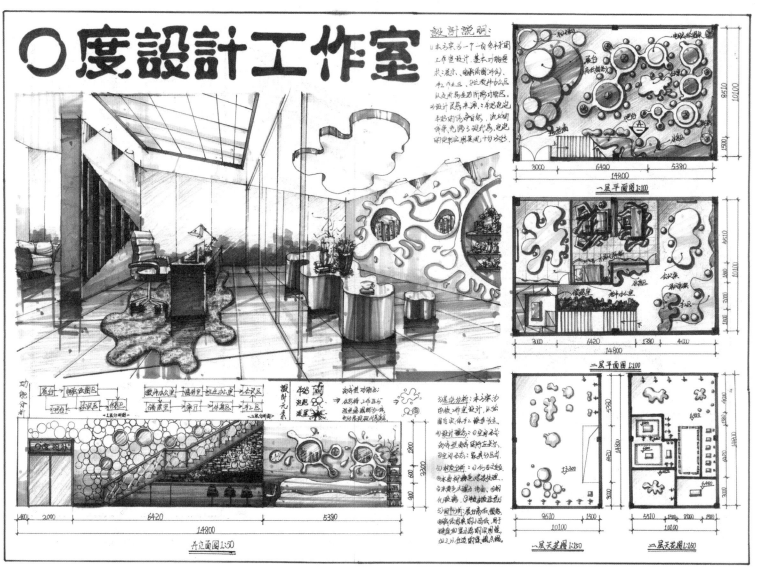

图 4-36 0 度设计工作室快题设计（武潇一绘）

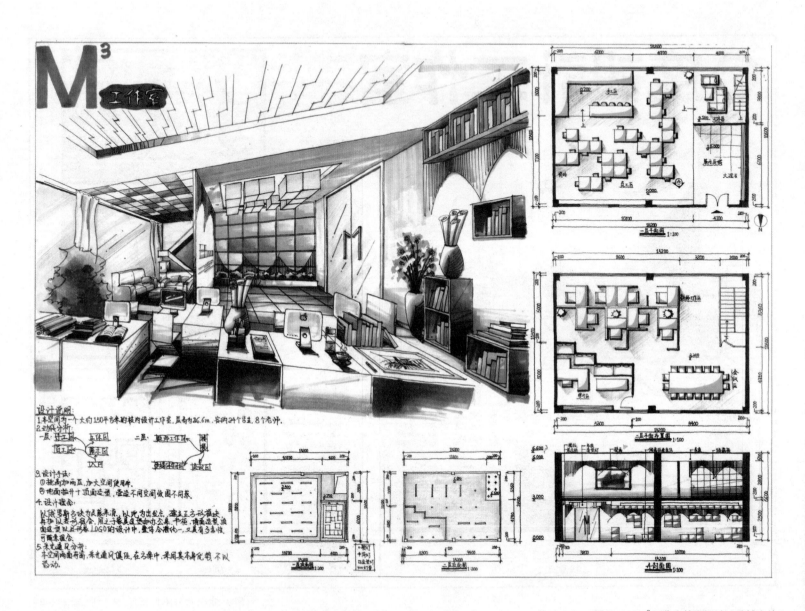

图4-37 M³工作室快题设计（陈博文绘）

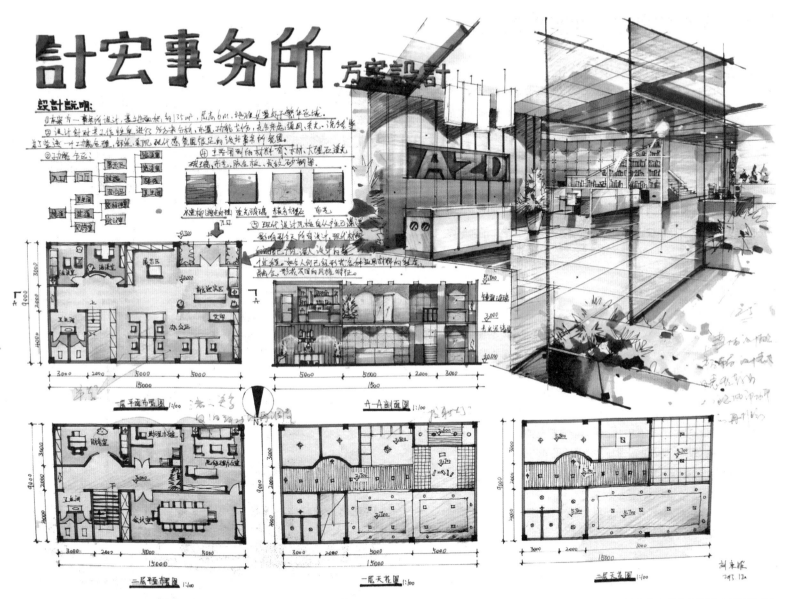

图 4-38 计宏事务所方案设计（刘永波绘）

四、酒店空间室内快题方案设计

1. 酒店空间的功能及设计分析

（1）酒店大堂

酒店大堂是酒店接待顾客的重要场所，也是酒店品位和档次的集中体现，是设计的重中之重。首先，大堂的面积与整个酒店的客户总数要成比例。其次，大堂的设计风格应与酒店的定位及类型相吻合，如度假型的酒店应突出轻松、休闲的特征，而城市酒店的商务气氛则应更浓一些；主题酒店应该突出其主题，个性的氛围要强烈一些。第三，大堂的设计通道要符合两种形式，一个是服务通道，另一个是客人通道，要避免客人流线与服务流线的交叉，流线交叉不仅会增加管理难度，而且还会影响前台服务区域的氛围。最后，酒店设计应把最佳的位置留给客人，把自然光不好、不规整、不能产生效益的位置留给工作人员。

（2）客房

酒店客房的种类可以分为标准间和套房等。

① 标准间（单人间、双人间）：占用一个自然间，满足客房的基本功能要求的客房类型被称为标准间。标准间分为一张大床或两张单床两种形式，单床一般以床头柜分隔，即两张单床与一个床头柜组合，也可两张单床并放布置，两侧放床头柜。大床则两侧分别配床头柜。

② 套房：是由两个或两个以上自然间组成。把起居、活动、阅读和会客等功能与睡眠、化妆、更衣和淋浴等功能分开布置，占用 2 ～ 3 个自然间（商务型套房在起居室内要设置写字台）（图 4-39）。

2. 相关案例列举

相关案例列举详见图 4-40 至图 4-46。

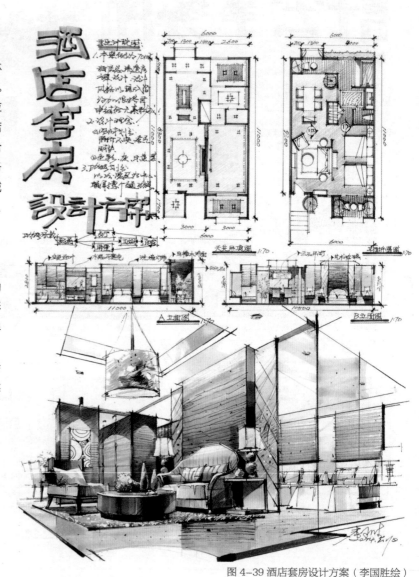

图 4-39 酒店套房设计方案（李国胜绘）

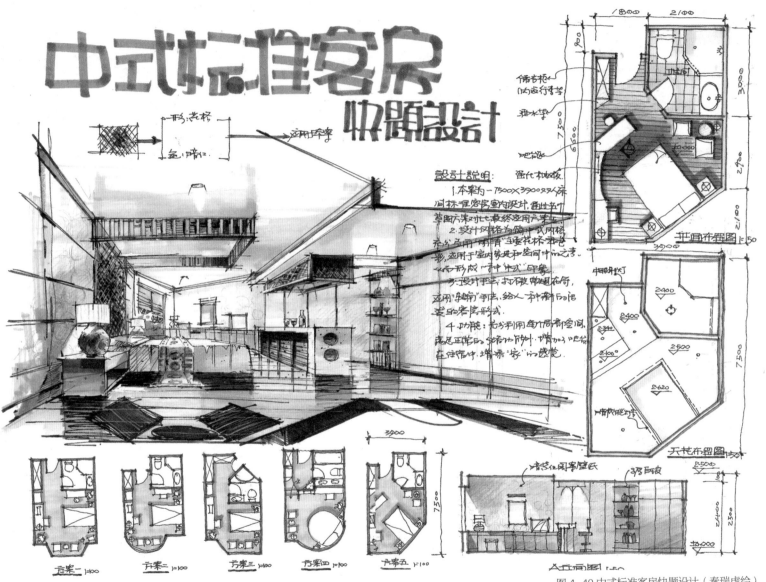

图 4-40 中式标准客房快题设计（秦瑞虎绘）

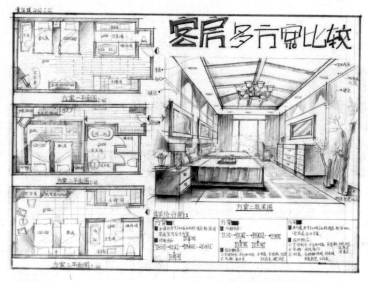

图 4-41 客房多方案比较一（董佳琪绘）

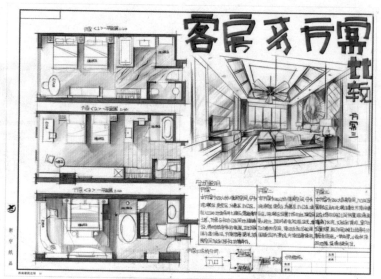

图 4-43 客房多方案比较二（杨雪纯绘）

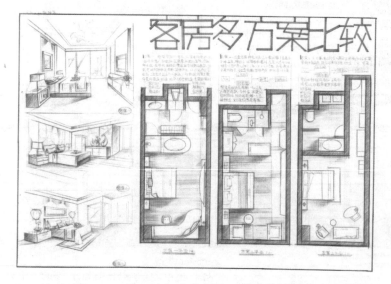

图 4-42 客房多方案比较三（伍裕荣绘）

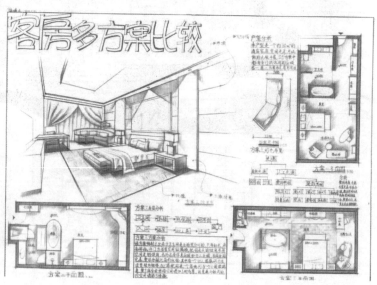

图 4-44 客房多方案比较四（陈博文绘）

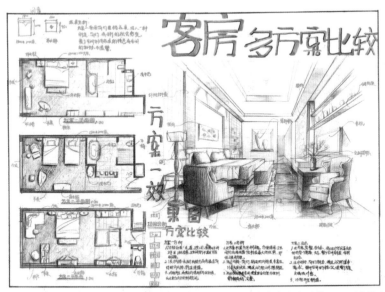

图 4-45 客房多方案比较五（回音绘）

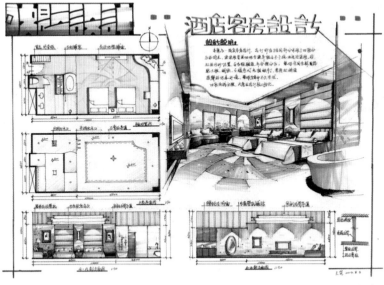

图 4-46 酒店客房设计（王岚绘）

五、 商业空间室内快题方案设计

1. 商业空间功能及设计分析

随着城市文化建设的加快、消费品质的提升，商业空间的消费体验感也随之不断提升。商业空间涵盖范围比较广，主要包括：专卖店、书吧、售楼处等。在"互联网＋"的时代背景下，我们可以关注品牌差异化和空间设计美学为投资者带来符合未来商业发展趋势的美学空间，从而让消费者与生活对话、与城市对话，体验高品质、多元的商业空间。

服装店的主要功能：收银、展示区、试衣间、员工休息区、仓库等。

书吧的主要功能：前台、书籍展示区、阅读区、茶水区、卫生间、办公区、仓库等。

售楼处的主要功能：前台、户型展示、洽谈区、休息区、办公区、卫生间等。

2. 相关案例列举

相关案例列举详见图 4-47 至图 4-53。

六、展示空间室内快题方案设计

展示空间设计主要以展品为主，运用一切方法为展品创造最佳的空间环境，准确传递展品的信息。展示环境要能吸引观众注意，并给观众留下深刻的印象，才能使展品信息传递地更为有效。这就要求展示环境必须具有一定的主题和风格。展示的主题要符合展示内容的性质和特点。展示环境必须要体现出开放性和参与性（图 4-54）。图 4-55 为几种展品的陈列形式与人流动线，观众在展览空间内不仅可以看到展品，更可以在参观的过程中形成人与人、人与物之间积极的互动交流，获得更多的信息。

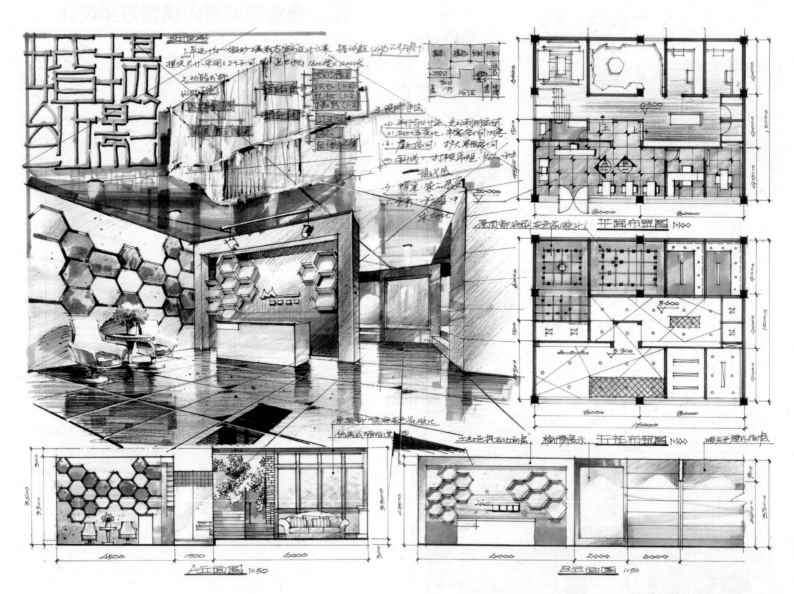

图 4-47 婚纱摄影店快题设计（秦瑞虎绘）

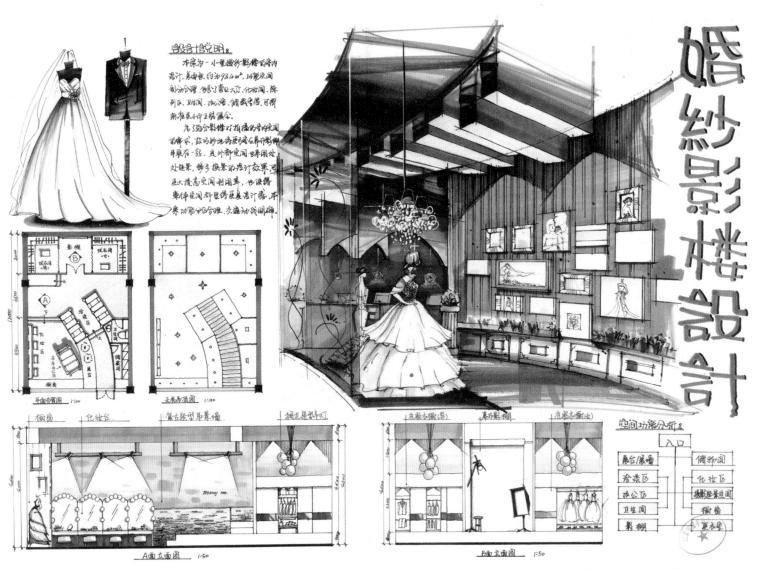

图 4-48 婚纱影楼快题设计（王岚绘）

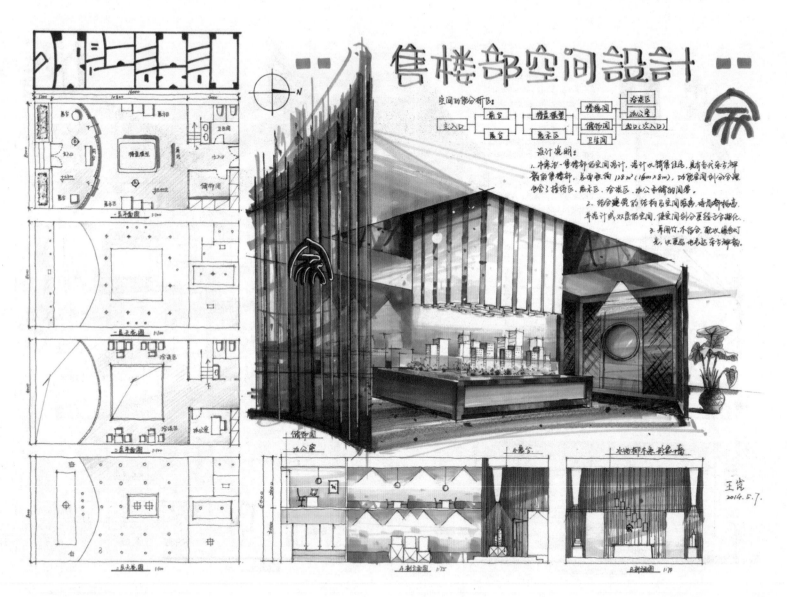

图 4-49 售楼部空间设计（王岚绘）

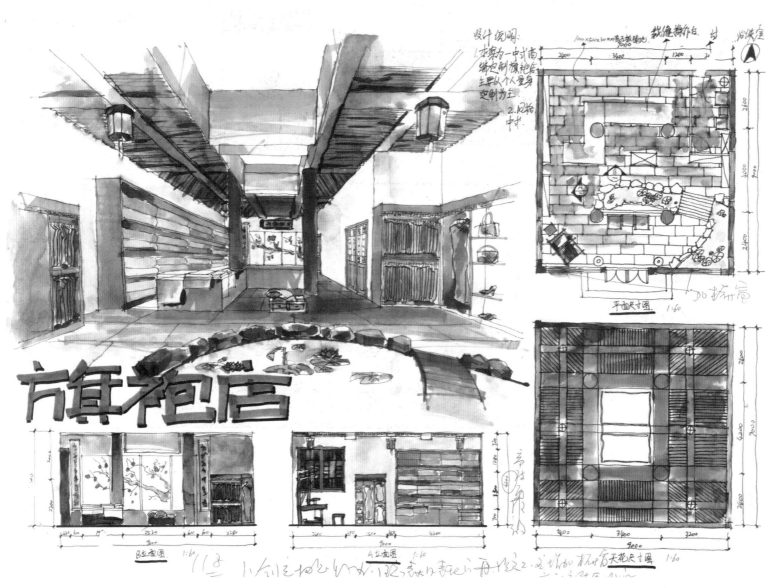

图 4-50 旗袍店快题设计（常梦琪绘）

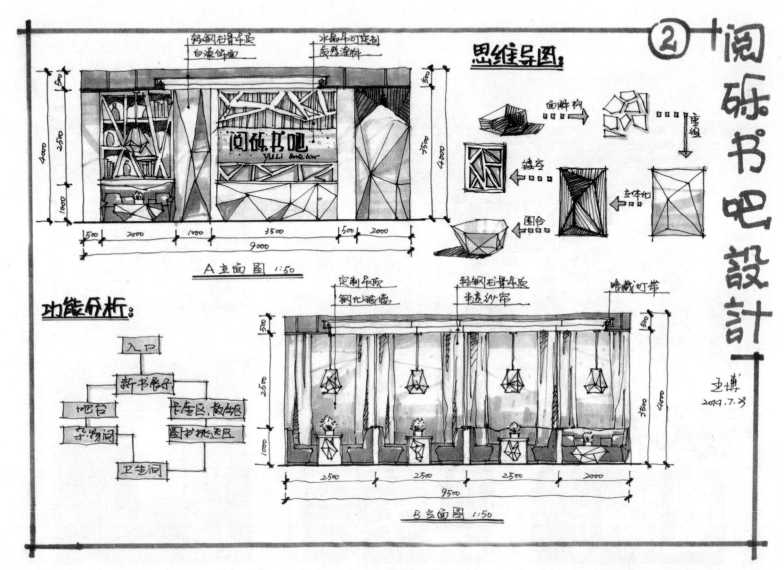

图 4-51 阅砾书吧设计一（王博绘）

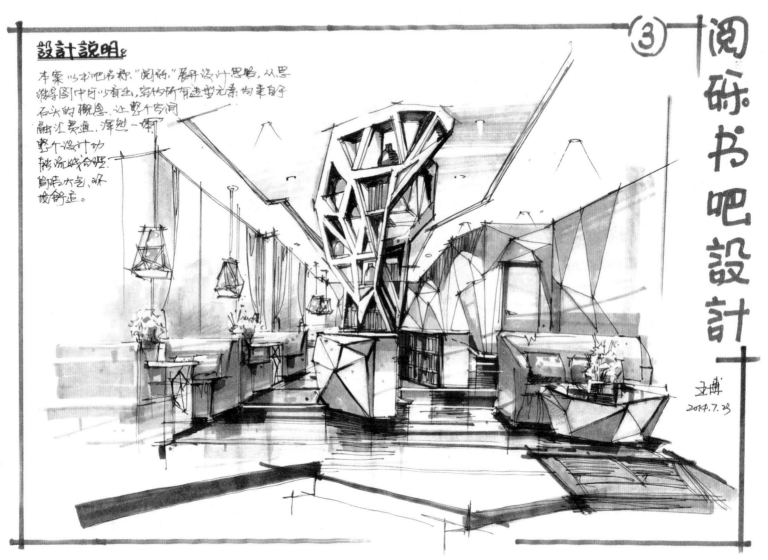

設計說明：

本案以书吧名称"阅硕"展开设计思路，从思
维导图中可以看出，室内所有造型元素均来自于
石头的概念，让整个空间
融汇贯通，浑然一体，
整个设计功
能流线合理，
简洁大气，收
放舒适。

③ 阅硕书吧设计

王博
2014.7.23

图 4-52 阅硕书吧设计二（王博绘）

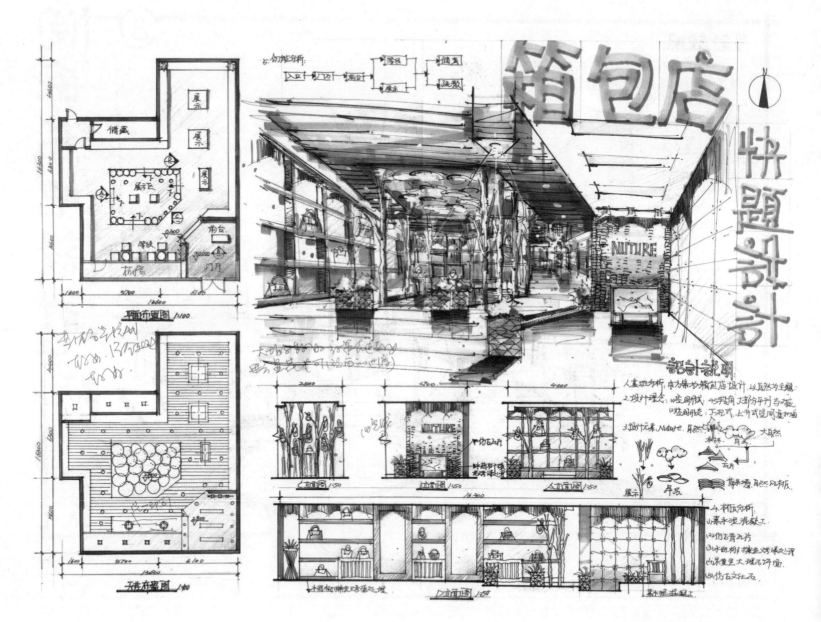

图4-53 箱包店快题设计（郑娇绘）

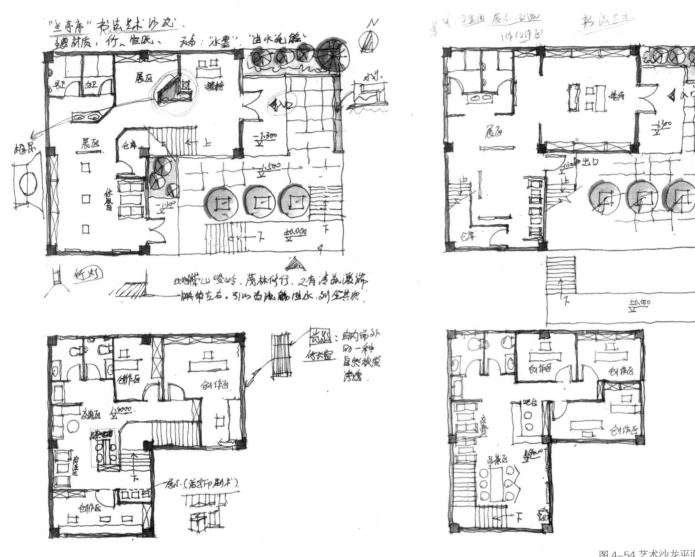

图 4-54 艺术沙龙平面方案（杨倩楠绘）

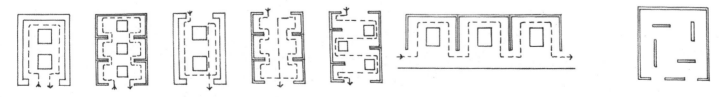

图 4-55 展品陈列形式与人流动线（图片来源：季筱彤绘）

第五章　真题作品解析

Interpretation of Examinations

一、艺术家住宅空间设计

1. 真题题目

某工厂由于企业转型拟将厂区改建为创意文化区，一排坡屋顶旧仓库改为 LOFT 艺术家住宅，每户进深 9 m，宽 15 m，建筑面积约为 135 m²，带夹层。

设计要求：

① 建筑层高自定，满足艺术家生活及工作要求，绘图比例自定。

② 入口位置自定，适当兼顾入口外室外环境。室内空间设计夹层，夹层面积自定。

③ 注重表现艺术家内涵，功能分区明确，流线合理，空间有序，便于艺术家工作与交流。

绘图要求：

① 底层平面布局图；② 夹层平面布局图；③ 两个室内立面图；④ 重点装饰部位优化方案；⑤ 重点区域透视图。

2. 题目解析

审题：

① 环境：工厂转型→创意文化区→排坡屋顶旧仓库→LOFT 艺术家住宅。

② 尺度：深 9 m，宽 15 m，建筑面积为 135 m²，带夹层，高度自定。

③ 入口位置自定，需考虑入口室外环境。

④ 功能：艺术家生活及工作要求，便于工作与交流。

⑤ 图纸：底层平面布局图，夹层平面布局图，两个室内立面图，重点装饰部位优化方案，重点区域透视图。

⑥ 推断平面结论：建筑结构。

功能及关系（暂定甲方为国画艺术家）：

① 一层功能：入口、玄关（柜子等）、客厅（起居室）、书房、画室、展示厅、餐厅、厨房、卫生间、楼梯、出口等。

② 二层功能：主卧、客卧、卫生间、楼梯等。

图 5-1 为艺术家住宅空间快题设计解析。

3. 学生作品点评

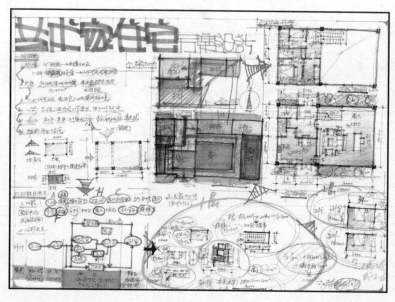
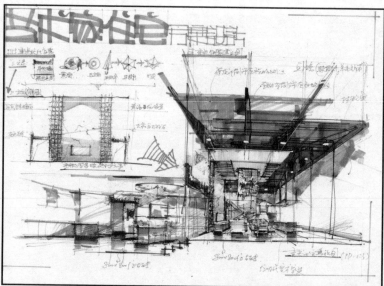

图 5-1 艺术家住宅空间设计快题解析（秦瑞虎绘）

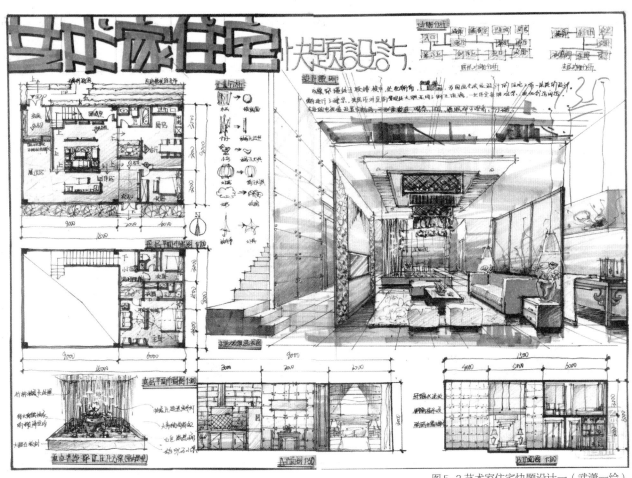

图 5-2 艺术家住宅快题设计一（武潇一绘）

优点:

① 图纸整体把控能力强，构图稳定饱满，图纸信息量充足，透视图色彩搭配较好，能够体现文化空间的氛围，很吸引眼球。

② 平面方案较好，空间功能及功能关系较好，空间划分手法熟练，形式感强，空间流线清晰明了。

③ 采用室内景观，以对景的手法处理，客厅、餐厅相映成趣，形成了良好的自然环境氛围。二层与一层景观对应的楼板位置采用钢化玻璃，心思十分巧妙，实现垂直空间的相互呼应。另外，也考虑到了室外景观，展现出了良好的专业素养与功底。

④ 设计说明完整，以图文并茂的形式阐述设计构思，并加了功能分析、元素分析的表达，增加了整体设计说明的含金量。

缺点:

① 部分制图表达需强化。立面图的尺寸标注最好标注在下方区域。

② 透视图的视角选择最好能表现出工作区域，体现出空间的属性。

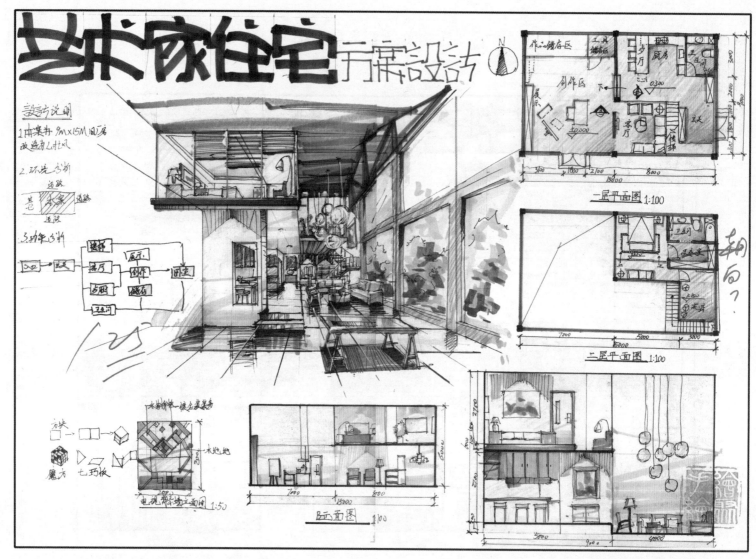

图 5-3 艺术家住宅快题设计二（绘聚学员绘）

优点：

① 透视效果图能体现夹层空间结构，整体色调比较清新淡雅。

② 空间功能布局比较合理。

缺点：

① 整体版面较空，图纸信息量较少，不饱满。

② 设计说明部分文字过少，体现不出设计概念。

③ 制图规范与表达还需强化，如未标明指北针，工程图感不强。

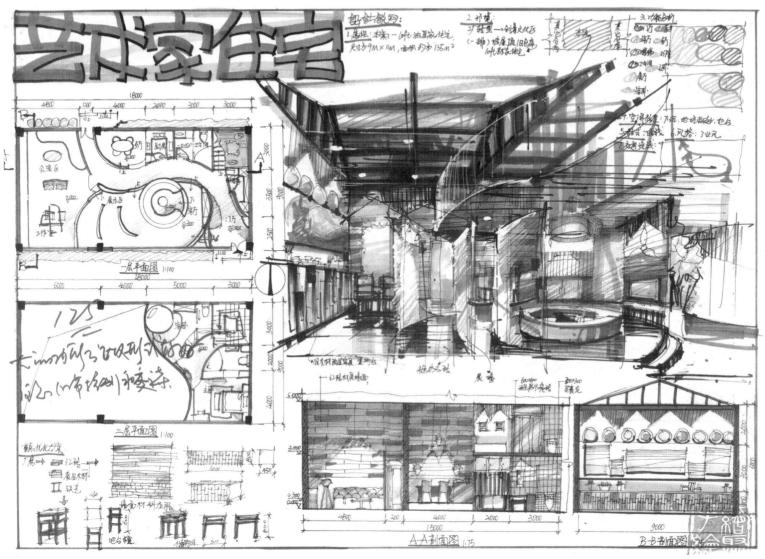

图 5-4 艺术家住宅快题设计三（绘聚学员绘）

优点：

① 整体版面丰富，视觉效果佳。效果图具有较强的动感，整体色调舒服。

② 大的功能关系及形式比较好，采用圆弧与弧形的处理手法，形成的空间形态多变，增强了空间体验。

缺点：

① 设计说明部分过于散，文字少。

② 一层楼梯下方的景观为封闭空间，不易欣赏，容易造成浪费。

③ 设计细节上要注意，局部空间形成夹角，不易使用。需再考虑弧形墙面门的形式与局部家具的摆放位置。

④ 制图需强化，如楼梯的表示。

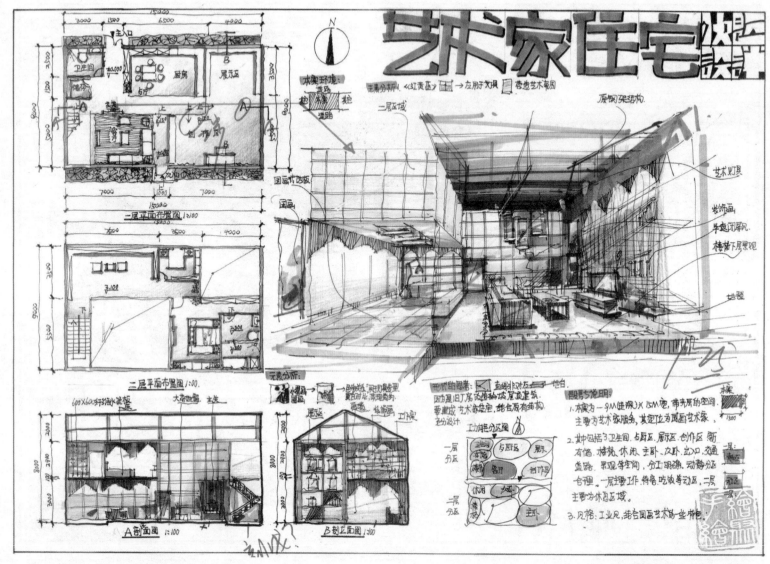

图5-5 艺术家住宅快题设计四（绘聚学员绘）

优点：

① 整体构图比较完整，有功能分析的"气泡图"，图文并茂。

② 功能布局基本合理。一层主要功能有生活区与工作区，二层主要满足休息的功能。

缺点：

① 需要把握空间细节的处理，如二层主卧与卫生间的关系不太好，一般床头位置不背靠卫生间。

② 效果图的空间比例尺度与平面图有差距，透视需加强。

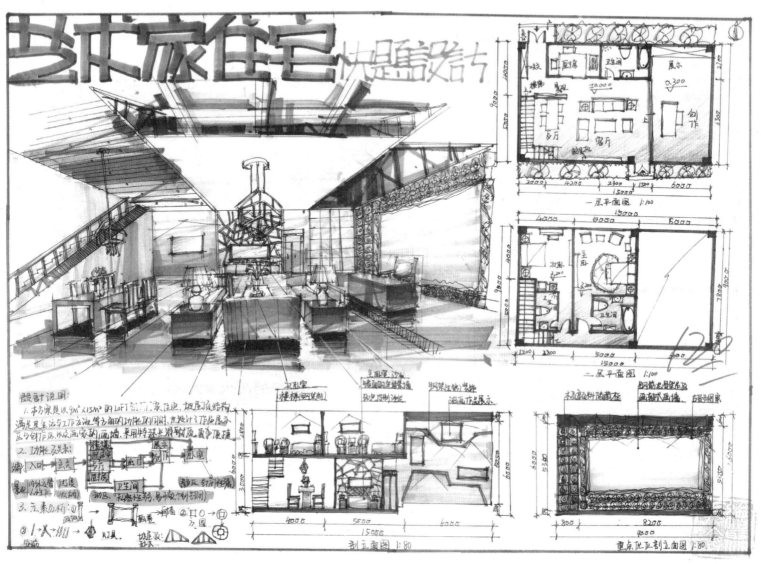

图5-6 艺术家住宅快题设计五（绘聚学员绘）

优点：

① 版面完整丰富，功能关系分析图与元素分析图增加了亮点。

② 整体方案布局基本合理，一层主要为活动工作区，二层为休息区。

缺点：

① 效果图表现需加强，局部透视有问题，家具比例尺度不合适，整体设计感不强。

② 二层主卧最好放在采光比较好的位置，布局需认真考虑。

③ 一层、二层卫生间最好上下对应。

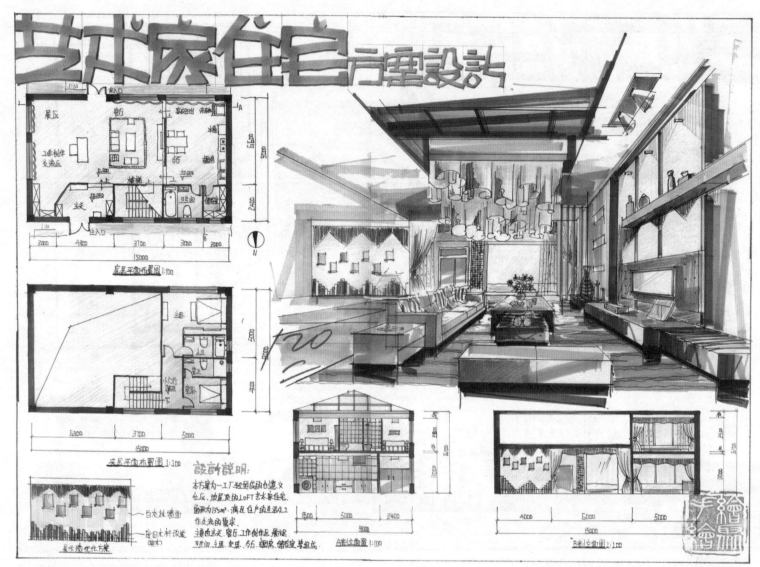

图 5-7 艺术家住宅快题设计六（绘聚学员绘）

优点：

① 图纸干净整洁，具有不错的视觉效果。效果图色调大气沉稳，笔触干脆利落。

② 制图比较严谨。

缺点：

① 文字说明过少，需补充分析图等内容。

② 一层平面图楼梯表示有问题。

③ 立面图需标注材质。

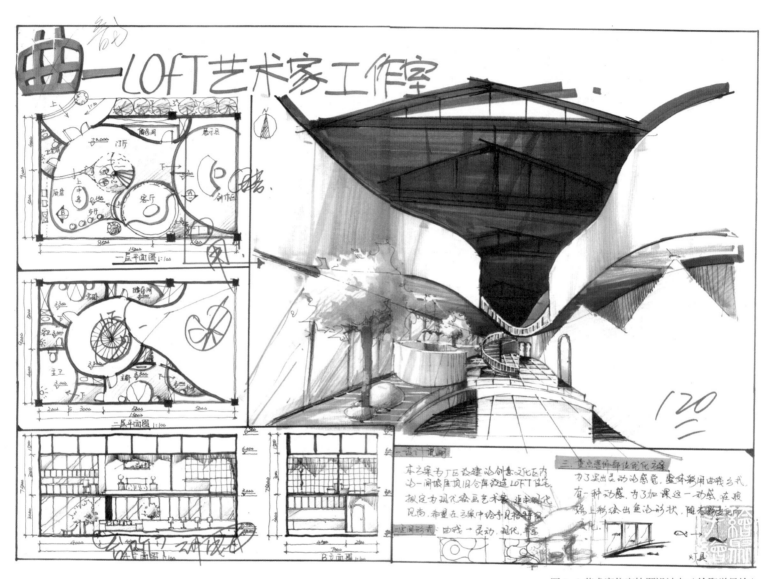

图 5-8 艺术家住宅快题设计七（绘聚学员绘）

优点：

① 整体版面完整，空间划分形式新颖别致、大气。

② 楼梯下方设置水景观，形成了不错的视觉效果。

缺点：

① 要考虑一层、二层位置的上下对应关系，避免过多的空间死角。

② 二层楼梯的表达有问题。

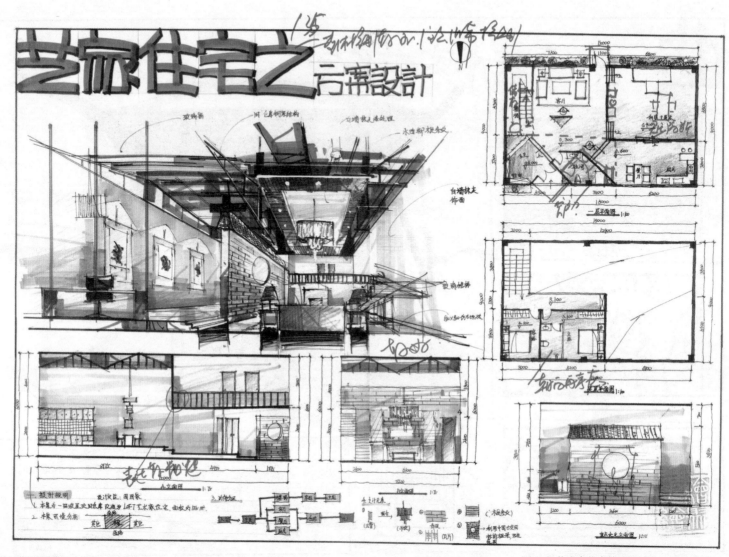

图 5-9 艺术家住宅快题设计八（李嘉欣绘）

优点：

① 整体效果不错，效果图大气，透视准确，形体比例正确，明暗及色彩关系较好，技法娴熟，文化氛围浓厚。

② 方案采用转角划分，空间组织形式较好。入口采用"内凹"形式设计，突出醒目；采用"平行和对应"的设计形式组织空间，空间利用率较高。

③ 利用"地台"进行空间区分和识别，使整体空间分区明确且富于变化。

缺点：

① 方案局部需进行优化设计，入口和出口需增加缓冲平台，卫生间的空间划分需调整。

② 创作区与餐厅中间可采用灵活隔断，丰富空间的形式。创作区的家具摆放形式需优化。

③ 楼梯下方的空间最好利用起来，做成储物空间等。

④ 二层卧室的朝向需优化。

⑤ 立面的细节需要表达清楚，需要标注材质。

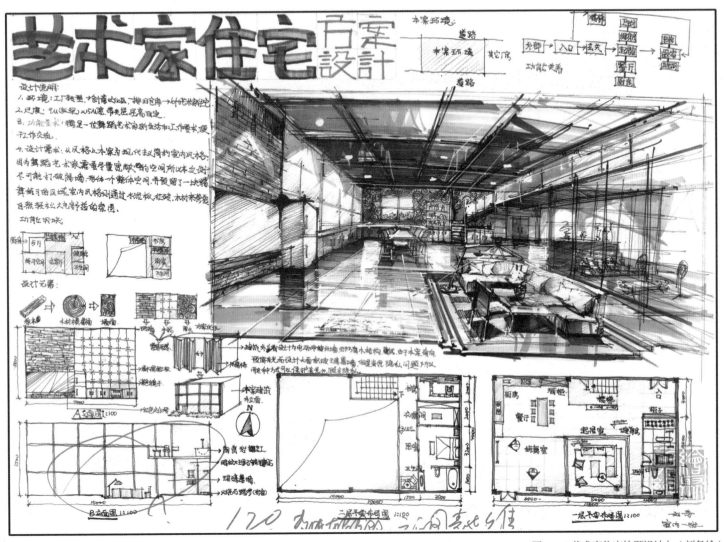

图 5-10 艺术家住宅快题设计九（刘备绘）

优点：

① 整体控制较好，构图沉稳大方。

② 空间布局比较合理。

③ 设计分析图有助于阐释设计价值，展现设计理念，理解设计构思。

缺点：

① 效果图表现欠佳，透视不准确，空间结构表达不清楚。线条运用稍显稚嫩，上色技法运用不熟练。

② 立面图制图不严谨，没有表达清楚细节。

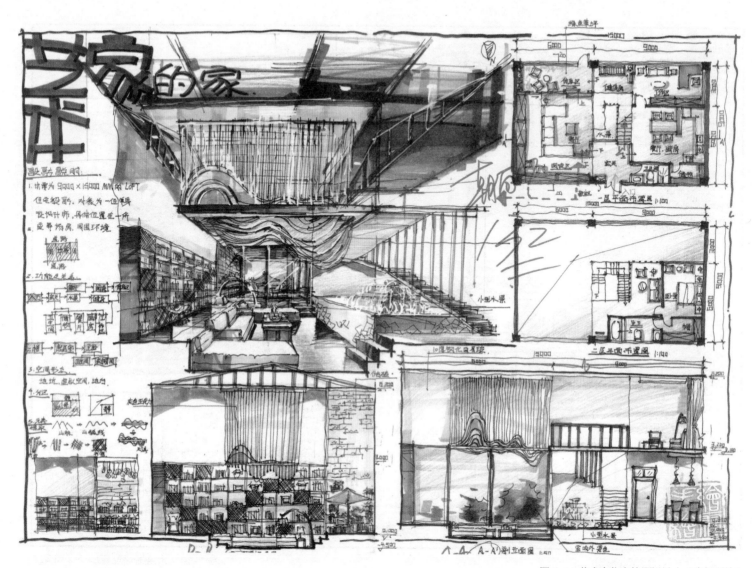

图 5-11 艺术家住宅快题设计十（张旭彤绘）

优点：

①整体构图美观大方，饱满有力。

②方案空间布局比较合理，围绕楼梯展开，空间形式丰富多变，功能布置紧凑，空间利用率高。一层空间除了必要的空间，又加入了特色空间，如阅读区、健身区和休息区。

③采用下沉和抬起空间，明确空间区域，具有归属感。

④设计说明完整丰富，图文并茂，有区位分析图、功能关系分析图、设计元素分析等内容。

⑤立面图表达丰富，有细节。

⑥效果图设计感较强，视角选择佳，顶面形式处理有特色。色彩干净亮丽，控制较好。

缺点：

①应考虑建筑朝向。

②制图的细节需再提高，标题位置与顺序需再考虑。

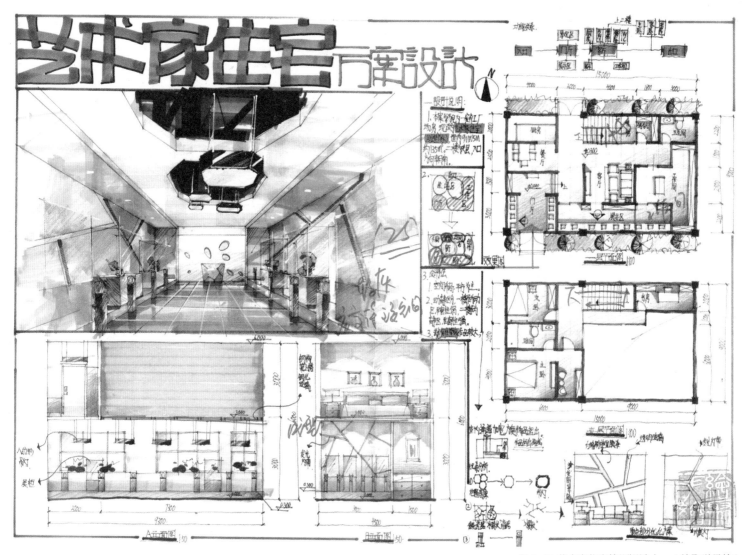

图 5-12 艺术家住宅快题设计十一（绘聚学员绘）

优点：

① 版面丰富美观，平面图表现较好。

② 将业主设置为雕塑家，整体方案设计符合空间属性，加入了展示区。

③ 设计分析图丰富，形式多样，能够凸显设计价值。

缺点：

① 效果图色调较灰，应交代主要空间，要能够体现艺术家住宅的空间属性。

② 制图细节需强化练习。如一层、二层楼梯的表达，立面图应注意线型，外轮廓需加粗。

二、中式风格餐厅室内环境设计

1. 真题题目

设计要求：为某中式风格餐厅进行室内环境设计，环境要素自定。总长 30 m、总宽 15 m，室内净高 4 m，建筑平面图自定；要充分考虑餐厅的功能需求及行业特点，室内空间布局合理，功能流线顺畅，尺度适宜。制图规范，有相应的文字标注及主要尺寸的标注。

① 完成餐厅主要效果图 1 张；② 完成餐厅平面布置图 1 张；③ 完成餐厅主要立面图 1 张；④ 简要的设计创意说明。

2. 题目解析

进行功能分区，中餐厅的主要功能有：入口、门厅、前台、等候区、散座区、卡座区、包间区、卫生间和厨房等。同时要牢牢把握中式风格，进行设计元素的应用，诠释其空间特色（图 5-13）。

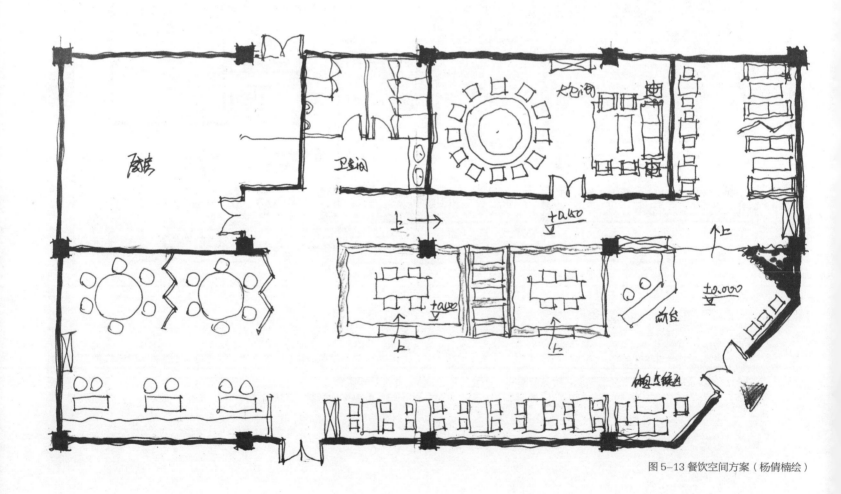

图 5-13 餐饮空间方案（杨倩楠绘）

3. 学生作品点评

图 5-14　梦回唐朝餐厅快题设计（伍裕荣绘）

优点：

① 版式较好。采用 L 形布局模式排版，使构图稳定；透视图面积比较大，增强了视觉冲击力。

② 功能齐全。按照餐厅设计要求进行平面布局，设置了门厅（含前台、等候等功能）、营业区（含散座、包间等形式）、辅助用房（卫生间等功能）。

③ 散座区加入水景观，新颖活泼，有助于提升用餐环境氛围。

④ 天花图采用"上下呼应"的设计方法进行设计，并根据功能区进行标高变化和处理，创造了心理上的虚拟空间，满足了就餐人员的私密性需求。

⑤ 加入设计元素分析小图，补充设计构思过程。

⑥ 制图较规范。制图图标齐全，尺寸标注规范，工程图感较强。

⑦ 效果图能够凸显中式餐厅的氛围，色调稳重大气。

缺点：

① 空间功能布局可再调整一些，可以把厨房、卫生间放在西北方位。

② 空间细节需再推敲，如要考虑位于中间区域的长条桌椅就餐区与卫生间的关系，可设置一定的遮挡。

③ 立面前台造型过于简陋，需再优化，要能够体现整体餐饮空间的氛围。

④ 效果图的构图需再完整。

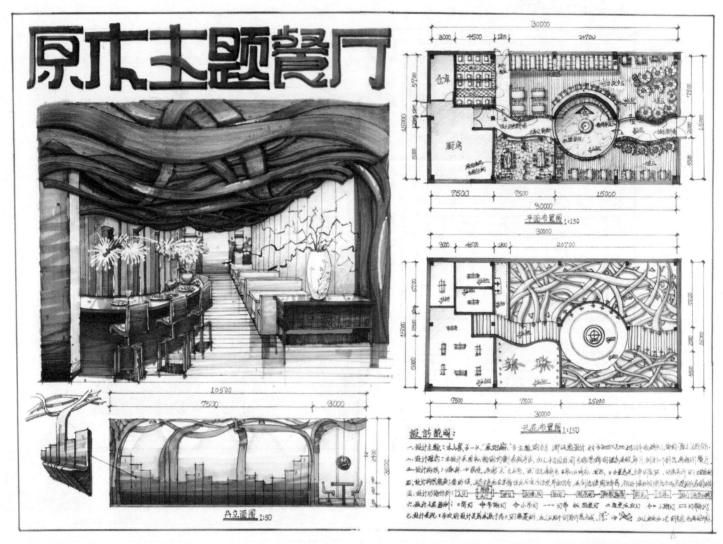

图 5-15 原木主题餐厅快题设计（武潇一绘）

优点：

① 以"原木"为主题进行拓展性思维设计，整体设计构思新颖别致。

② 整体空间布局灵活生动，富有趣味。

③ 效果图具有很强的视觉冲击力，能够凸显整体设计思想，吸人眼球。

缺点：

① 空间流线、空间细节需再优化，卫生间区域设置不合理，夹角空间不便使用。

② 制图表达需再规范，如遗漏指北针，立面图未标明材质等。

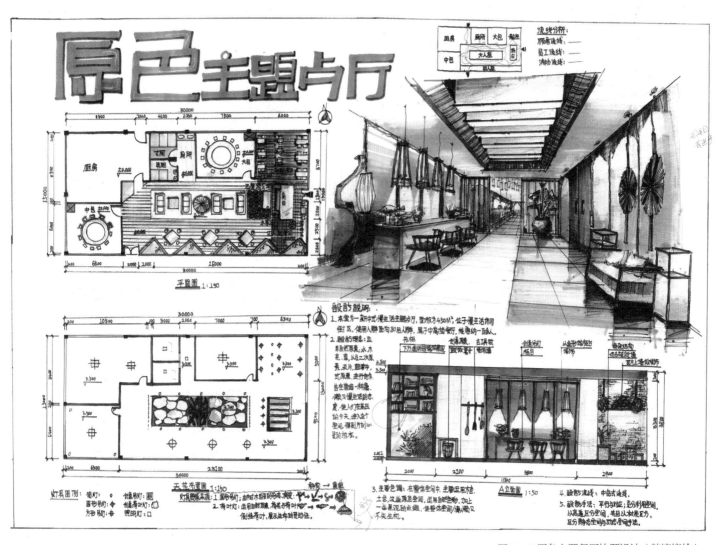

图 5-16 原色主题餐厅快题设计（韩培培绘）

优点：

① 整体空间氛围把握到位，能够体现中式风格。

② 整体空间布局采用"中岛式"，人流动线较为清晰。

③ 效果图具有很强的视觉冲击力，能够凸显整体设计思想，抓人眼球。

缺点：

① 整体排版不够均衡，疏密关系需再把握。

② 空间价值思考不够，如营业区面积浪费太大，景观区域过多，导致实质性就餐空间不足。

③ 制图表达不够严谨、熟练，稍显幼稚。

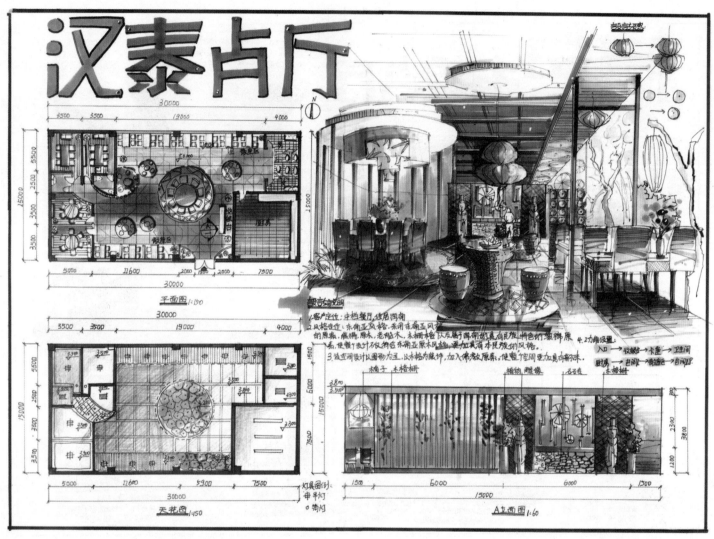

图 5-17 汉泰餐厅快题设计（回音绘）

优点：

① 版面完整，具有一定的视觉冲击力。

② 整体空间采用"中岛式"布局，人流动线较为清晰。

③ 就餐区设置有散座区、大小包间区，形式比较丰富。

缺点：

① 整体设计风格有些跑题，应围绕中式风格展开。

② 效果图应与平面图、天花图对应。

三、茶室室内空间设计

1. 真题题目

某高级商务区有一临街茶室，具体功能要求如下：

① 单层设计，层高不限，建筑形式自定。

② 自定内部功能。

③ 入口及窗的位置、尺寸均可调整，临街立面可根据设计进行改造。

④ 要充分表达"茶"文化以及主题与空间形式的有机整合。

2. 题目解析

应注意茶室的功能，如：入口、前台、等候区、展示区、饮茶区、操作间、办公区、出口等（图5-18）。

3. 学生作品点评

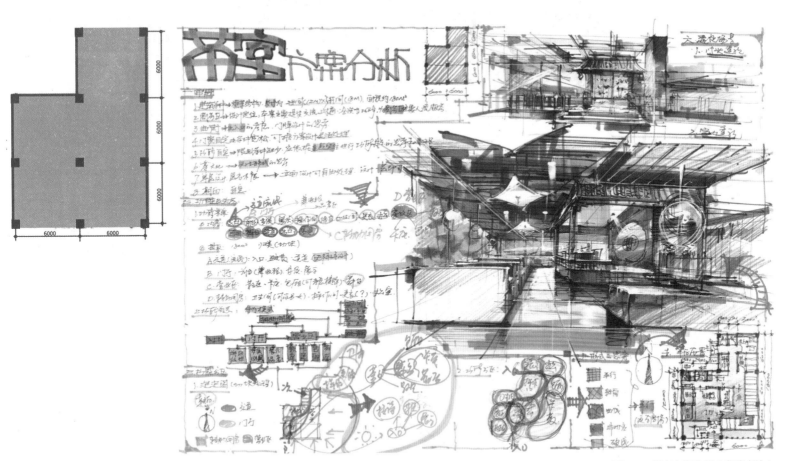

图 5-18 茶室方案分析（秦瑞虎绘）

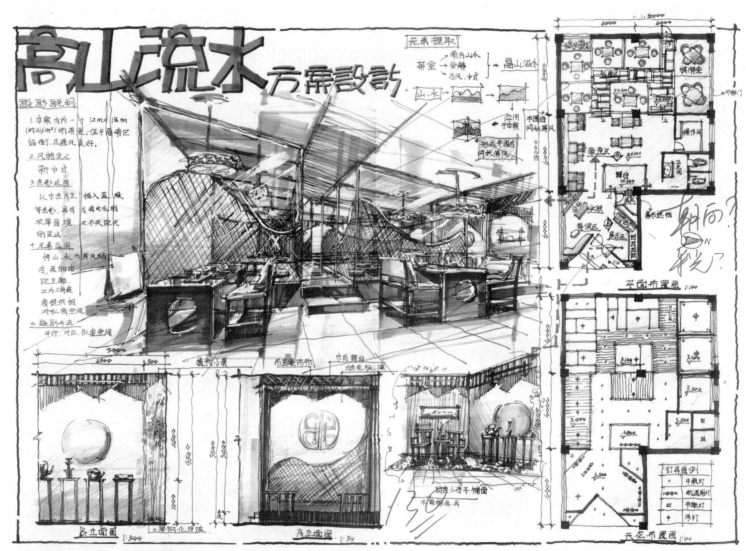

图 5-19 高山流水方案设计（张旭彤绘）

优点：

① 版面完整，图文并茂，内容丰富。

② 入口采用"内凹"形式设计，结合门厅功能"转角"处理，并设置有收银、等候区和展示区等功能。

③ 主要营业区设置舞台，满足顾客观赏的需求。空间序列富有节奏感，空间开敞与私密相结合，座位形式多样，满足不同的消费人群。

④ 天花图与平面图上下呼应，形成空间区域感。

⑤ 效果图具有较强的设计感，隔断形式新颖别致，运用两种材质的对比。

缺点：

① 需注意建筑的朝向。

② 局部家具造型还需做深入考究。

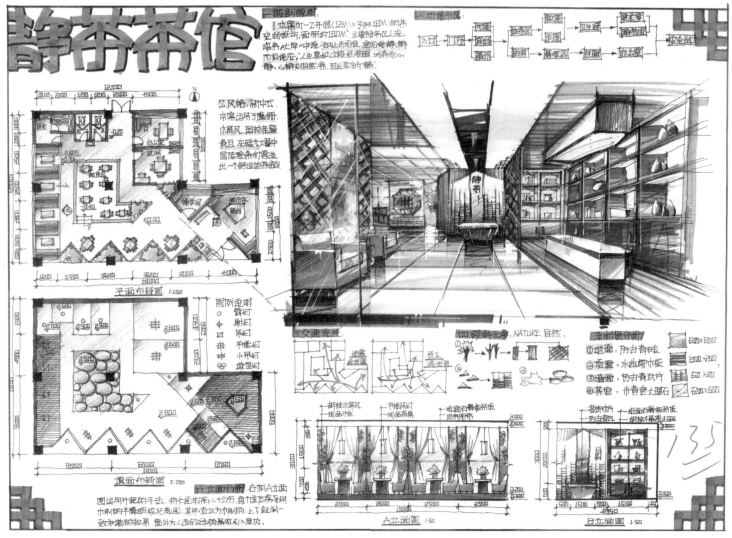

图 5-20 静茶茶馆快题设计（胡秋丽绘）

优点：

① 构图稳定，套图观念强。配合生动的小图，具有较强的识读性。

② 入口空间和部分散座区采用转角平行对应的形式，主要营业区采用中岛式布局，空间形态丰富多变。

③ 效果图表现了入口区域，主要氛围能体现茶馆的性质，整体感觉到位。

④ 制图比较严谨，文字书写严谨工整。

缺点：

① 效果图的展示区透视有些问题，尺度比例与效果图不符。

② 方案应再深入考虑，应具有创新性。

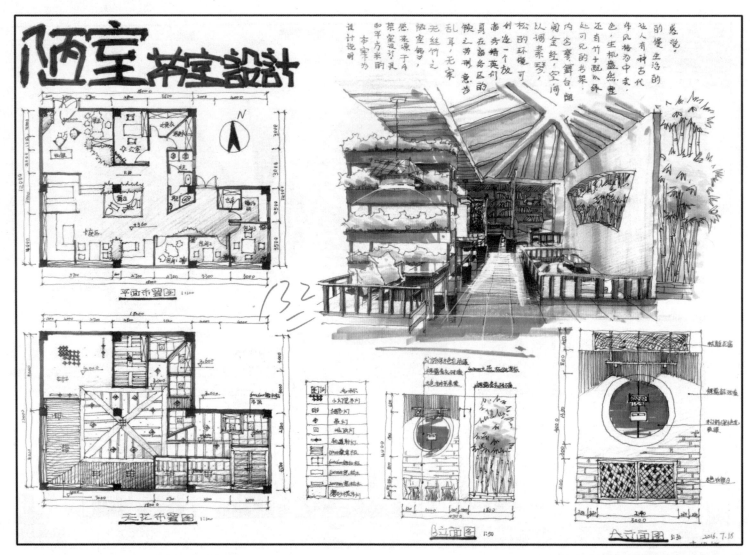

图 5-21 陋室茶室快题设计（绘聚学员绘）

优点：

① 整体构图较稳定，以"陋室"为设计概念。

② 整体方案布局比较合理，空间形态较丰富，流线比较清新。

缺点：

① 标题字体不美观，设计说明还需补充。

② 地坪高度有问题，标高不准确。

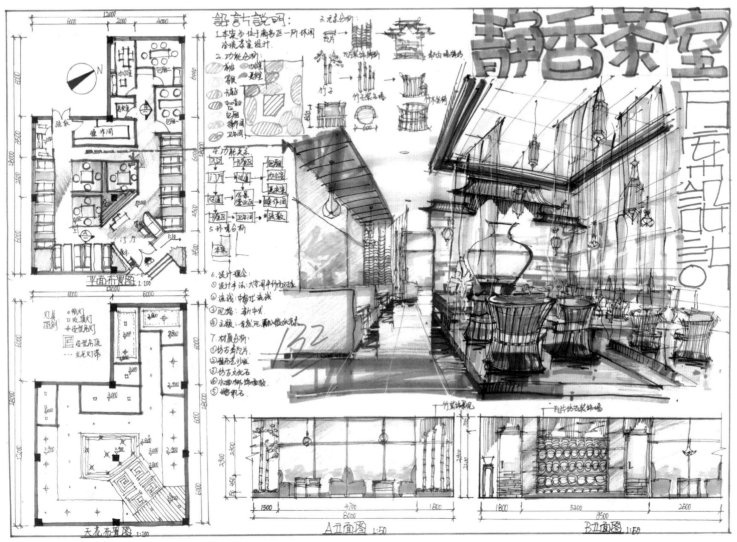

图 5-22 静香茶室方案设计（董佳琪绘）

优点：

① 整体版面美观大方，内容信息量丰富，视觉冲击力强。

② 整体方案入口开门见山，采用转角和中岛式布局，中心区域采用水景观，具有较强的空间体验感。

③ 将包间设置在空间序列的尽端的较私密区域。

④ 效果图表现了方案的主要区域，将瓦片、竹子等元素融入设计方案，家具造型也比较符合茶室的氛围。

缺点：

① 效果图的一点斜透视局部有问题，整体色调需加强对比关系。

② 立面材质应补充完整。

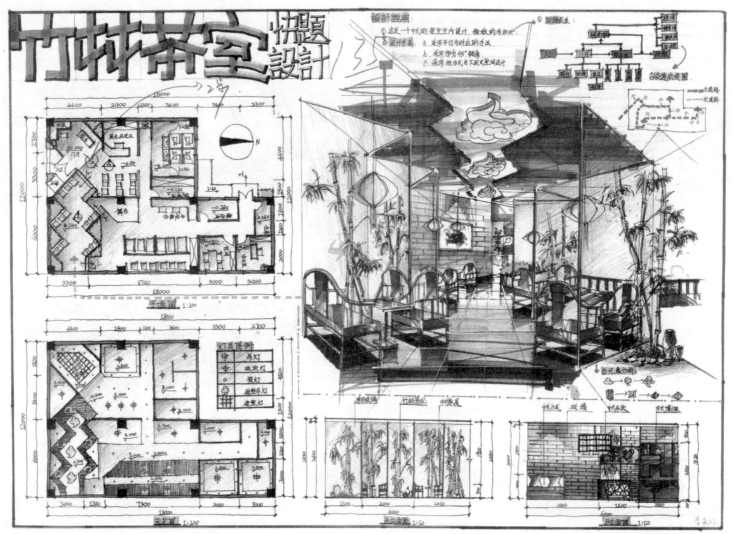

图 5-23 竹林茶室快题设计（李嘉欣绘）

优点：

① 以"竹林"为设计主题，整体方案设计构思新颖。

② 入口采用转角形式，整体布局紧凑，空间功能丰富完整，散座区与景观功能相结合。

③ 将包间设置在空间序列尽端较私密的区域。

④ 效果图方案中将竹子、祥云等元素融入设计方案，家具造型采用中式风格。

缺点：

① 设计说明部分文字较少，应补充。

② 地坪高度要合理、统一。

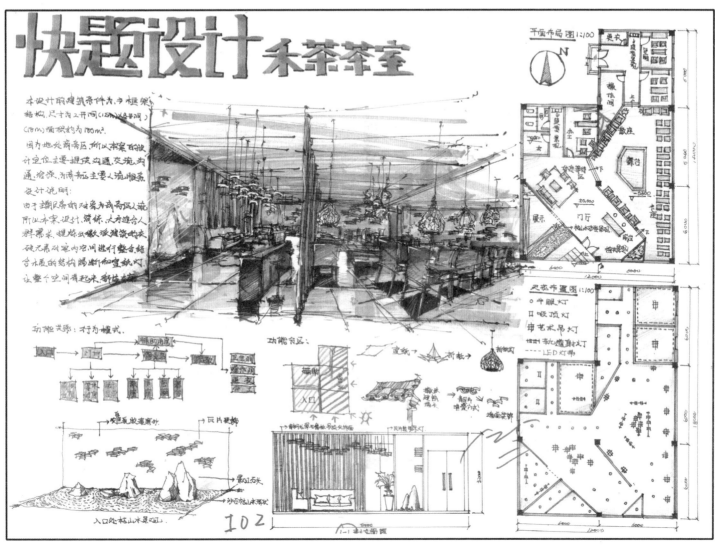

图5-24 禾茶茶室快题设计（刘备绘）

优点：

① 整体构图比较稳定，图纸量符合要求。

② 设计元素分析别致美观，能够体现一定的文化内涵。

③ 入口采用转角的形式，整体功能布局合理紧凑。

缺点：

① 局部空间细节需考虑，避免空间死角。

② 效果图透视有问题，家具造型过于简陋，需优化。

③ 标题需再规整一些，制图需严谨，强调工程图感。

四、"翰墨"传统文具专卖店室内设计

1. 真题题目

某商业步行街中，现有一个临街的出租商铺，建筑平面为 6 m（开间）×10 m（进深），室内净高 4.2 m，要求设计以销售中国"文房四宝"，名为"翰墨"的传统文具专卖店，具体要求如下：

① 设计三个平面方案。

② 从中选取一个方案进行深化设计。

③ 深化方案要求：平面图、天花图、（剖）立面图、透视图及相关图纸补充内容（如设计说明、POP 字体等）。

④ A2 幅面，图纸比例自定，透视图表现技法不限。

2. 题目解析

注意题目中要求的三个方案，把握好时间（图 5-25）。

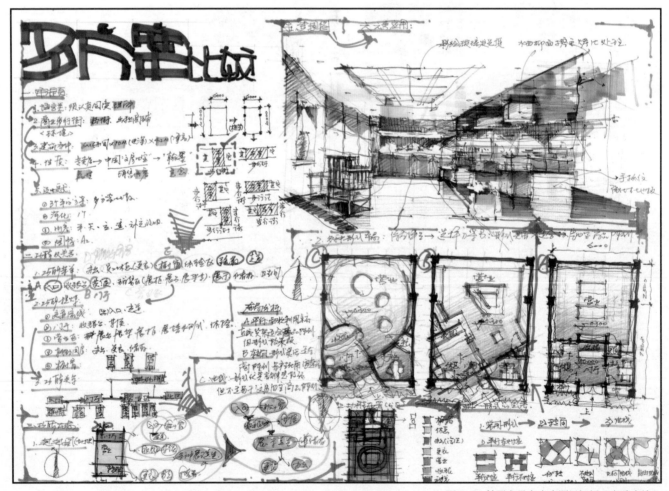

图 5-25 翰墨文具专卖店题目解析（秦瑞虎绘）

3. 学生作品点评

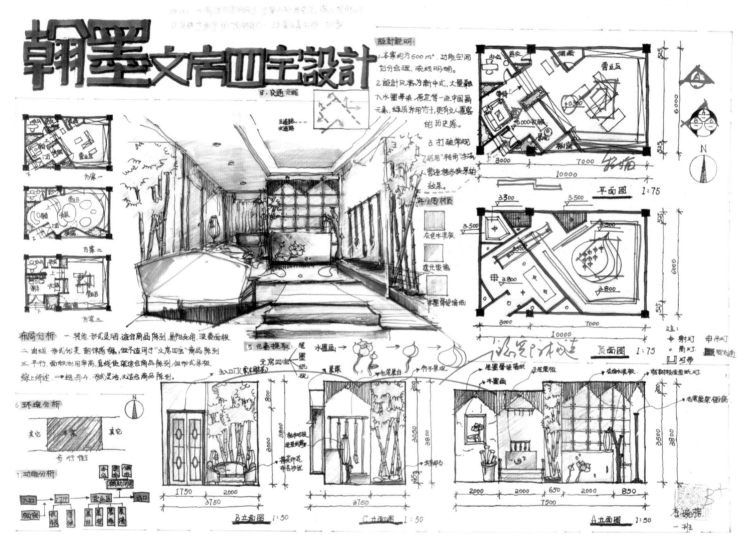

图 5-26 翰墨文房四宝快题设计（李婉蓉绘）

优点：

① 整体构图比较稳定饱满，整体色调和谐统一。

② 主方案入口采用转角的形式，并利用抬起空间强化主要展示空间区域。

③ 在空间中植入景观，起到美化环境的作用。

缺点：

① 主方案展柜形式稍显零碎，最好紧密切合空间，另外天花灯具形式也应对应。

② 立面应注意顶部构造。

③ 效果图场景略小，不够大气。

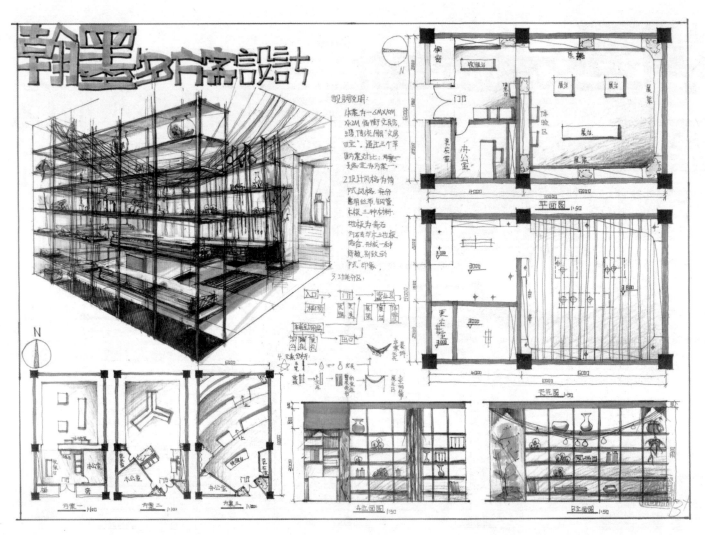

图 5-27 翰墨多方案快题设计（董平平绘）

优点：

① 效果图中顶面造型利用丝带形成独特的空间感受，体现了传统文化氛围。

② 三个小方案均合理可行。主方案规整大方，功能布局完善，并增加书法体验区。

缺点：

① 排版局部略显稀疏，应补充空间分析小图。

② 效果图场景应再考虑，最好能表现大空间。

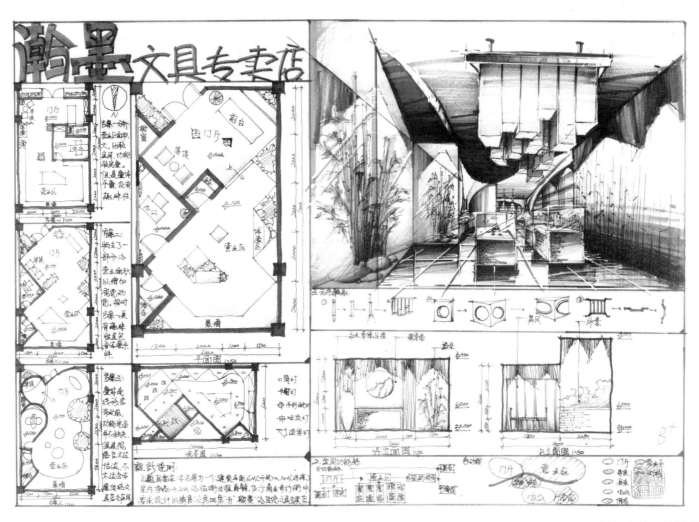

图 5-28 翰墨文具专卖店快题设计（陈博文绘）

优点：

① 整体构图比较稳定饱满，信息量大。

② 三个小方案分别采用横平竖直、转角和曲线，均用文字分析其优劣，最终主方案采用转角，形式感强。

③ 门厅空间大气，强调仪式感，主要营业区展示形式多样。

④ 效果图顶面造型利用竹子的变形处理，具有中式特色。

缺点：

① 主方案展柜形式应再深入考虑"文房四宝"的展品特性，效果图中体现的空间氛围有些偏离商业空间，类似展览。

② 天花图的处理应紧密围绕平面图展开，相互呼应。

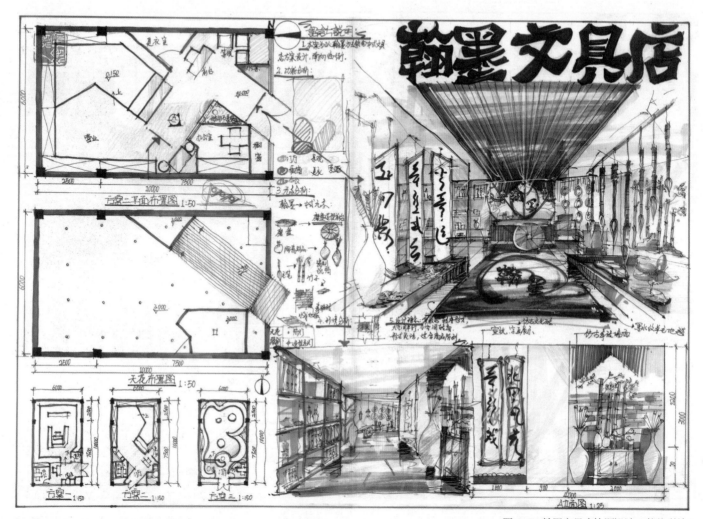

图 5-29 翰墨文具店快题设计（董佳琪绘）

优点：

① 排版布局稳定，图纸饱满，信息量大。

② 三个小方案的空间划分各具特色，能够满足功能要求。

③ 主方案入口处理极具特色，以文房四宝为设计元素，将毛笔、字画放大悬空，并结合景观，形成特有的传统文化氛围。

④ 设计元素分析合理，且应用恰当，展现了自身的创意。

缺点：

① 主方案天花图造型过于简单，应再丰富完善些。

② 效果图略显花哨、零碎，线条应干净、准确有力，色调明暗对比应加强。

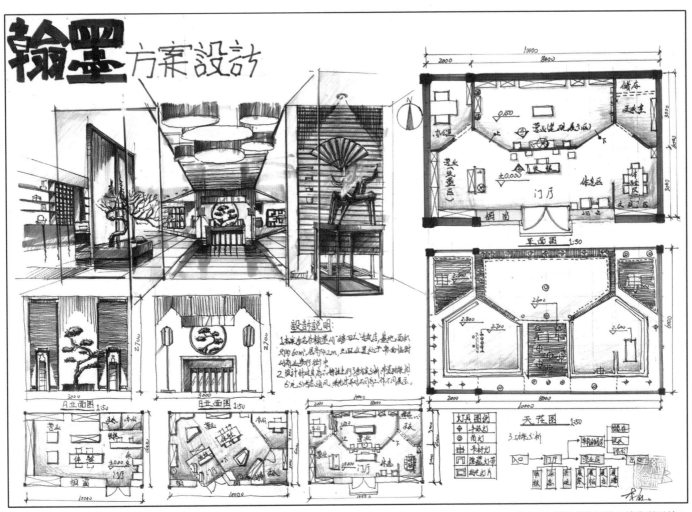

图 5-30 翰墨方案设计（绘聚学员绘）

优点：

① 排版布局稳定,效果图干净利落,很好地诠释了传统文化氛围。

② 主方案采用对称式布局,开门见山。将展区进行分类,能够结合抬起空间强调展品。

缺点：

① 审题不仔细,搞错了开间与进深,导致三个方案均出现硬伤。

② 制图应严谨,文字标注书写要规范。

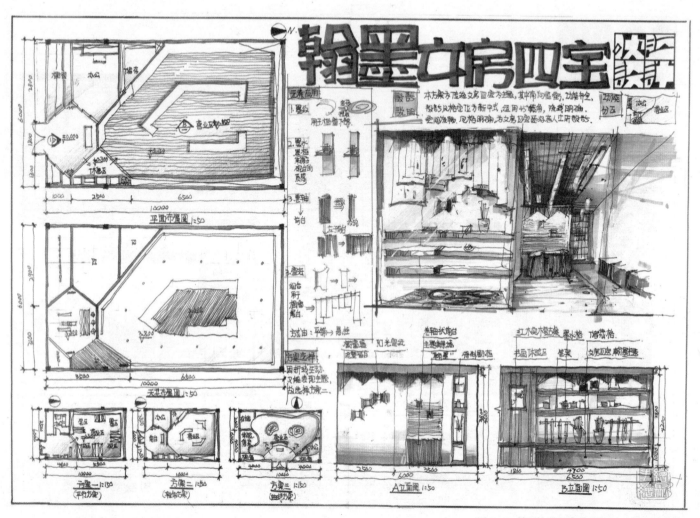

图 5-31 翰墨文房四宝快题设计（绘聚学员绘）

优点：

① 整体构图稳定舒服，图文并茂。

② 紧密结合"文房四宝"的造型特点，以发散式思维进行设计。将卷轴元素应用到前台设计中，将宣纸元素应用到橱窗造型中。

缺点：

① 主方案平面略显平庸，空间处理过于直白，没有变化。人流动线不合理，主要营业区的入口略显拥挤，且干扰休息区。

② 效果图场景过小，空间结构表示不清楚。

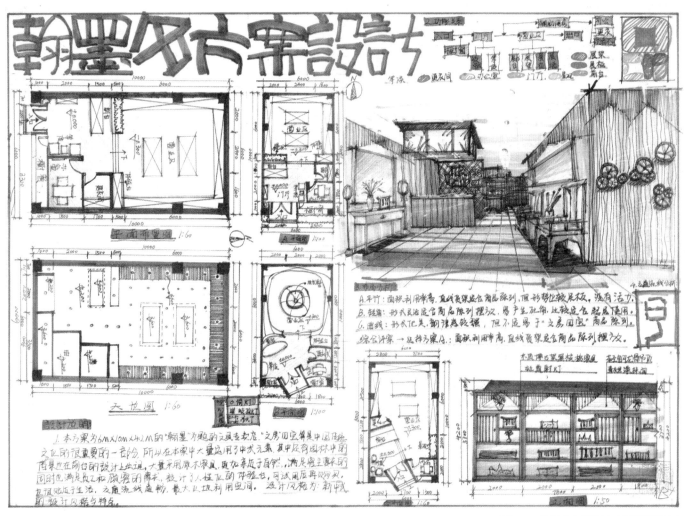

图5-32 翰墨多方案设计（绘聚学员绘）

优点：
① 整体图纸内容安排得当，稳定舒服，图文并茂。
② 主方案功能恰当，空间划分合理，经门厅、过渡空间进入主要营业区，并然有序。
③ 功能关系、气泡图等分析图能进一步说明方案，丰富画面。

缺点：
① 除主方案外，另两个小方案应再推敲，避免浪费空间。
② 效果图表现场景应再深化，强调整体设计感，局部细节处理不到位。

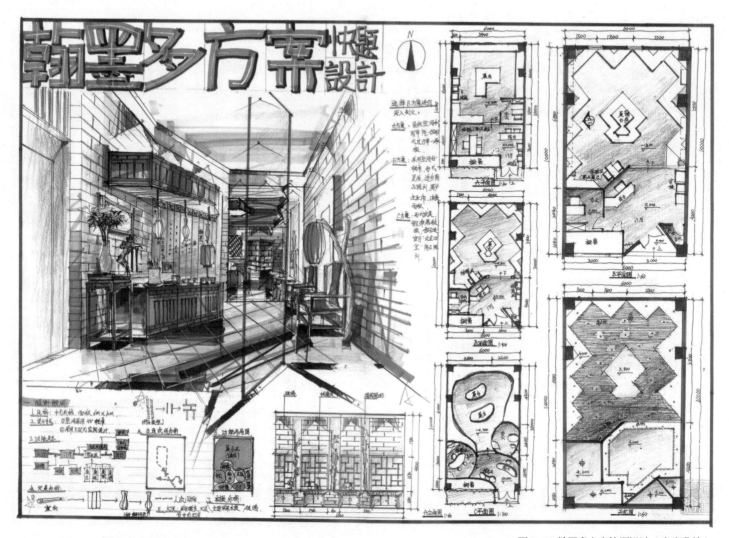

图 5-33 翰墨多方案快题设计（李嘉欣绘）

优点：

① 整体图纸内容安排井然有序，一目了然。效果图面积较大，具有较强的视觉冲击力。效果图具有浓郁的中式韵味，呼应了设计主题，软装配饰也恰到好处。

② 主方案天花图与平面图相互对应，具有一定的设计感。

③ 整体把控能力较强，体现了优秀的专业素养。

缺点：

① 主方案主要营业区的展柜形式应再推敲细化，避免浪费过多的空间。

② 最下面的一个小方案，弧线的处理浪费空间，也出现了死角，不合理。

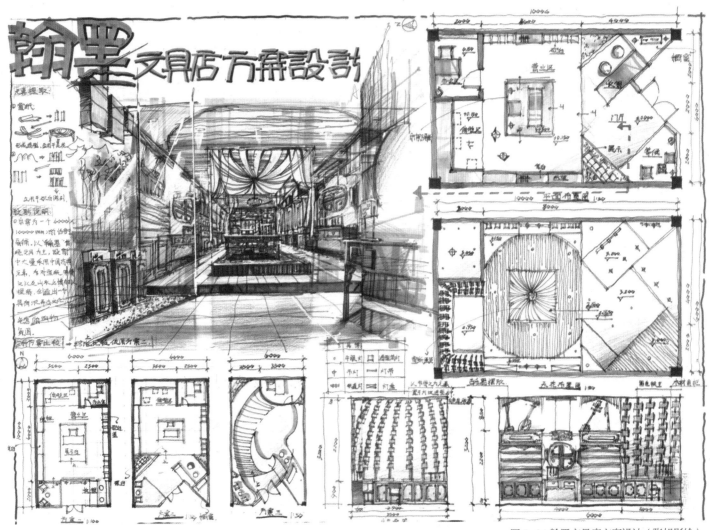

图 5-34 翰墨文具店方案设计（张旭彤绘）

优点：

① 整体构图采用 L 形布局，图纸内容安排恰当，清晰有序。效果图视角选择佳，表现了方案的设计亮点，效果强烈。整体空间氛围呼应了"翰墨"的设计主题，并选用了具有中式特色的软装配饰，深入有细节，展现了不俗的设计功底。

② 主方案入口采用转角，门厅设置了收银、等候区和展示区。

主要营业区以中心体验展示区为亮点，采用中岛式布局。

③ 设计构思巧妙，将宣纸应用于顶面造型。

缺点：

① 主方案收银区域应再合理规划，部分空间浪费。

② 立面处理稍显零碎，需注意主次关系。

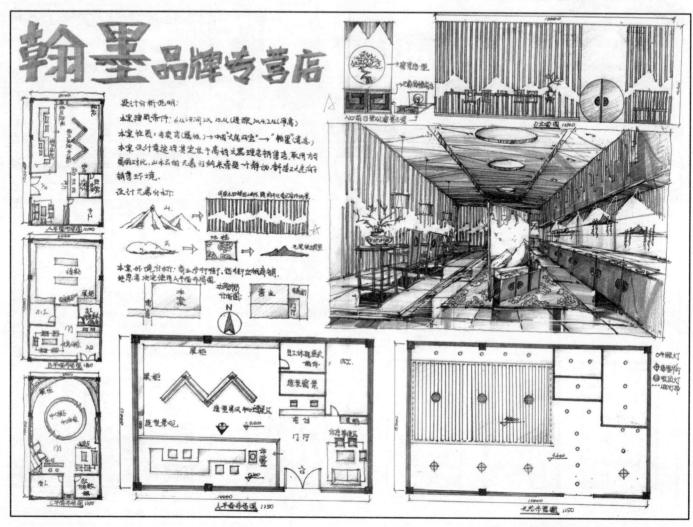

图 5-35 翰墨品牌专营店快题设计（刘备绘）

优点：

① 版面丰富完整，整体空间氛围契合设计主题，古朴自然。

② 主方案布局合理，空间组织有序，靠窗区域设置体验区。

③ 设计构思巧妙，设计元素把握到位，元素应用较为恰当。

缺点：

① 审题不仔细，搞错了开间与进深，导致三个小方案均出现硬伤。

② 标题字体不美观。

③ 制图能力还应加强，如尺寸标注至少两级。

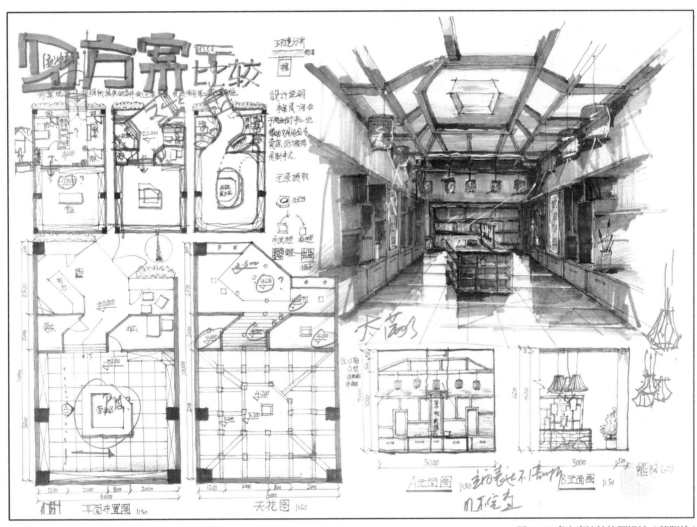

图 5-36 多方案比较快题设计（熊阳绘）

优点：

① 版面比较完整，整体空间氛围把握得比较到位。

② 三个小方案布局基本合理。

缺点：

① 三个小方案细节出现问题，均可以再优化调整。

② 主方案的中心展柜比例尺度应再考虑，天花图标高有问题，立面图表达不清晰，且不完整。

③ 效果图细节没有表现清楚，上色过满。

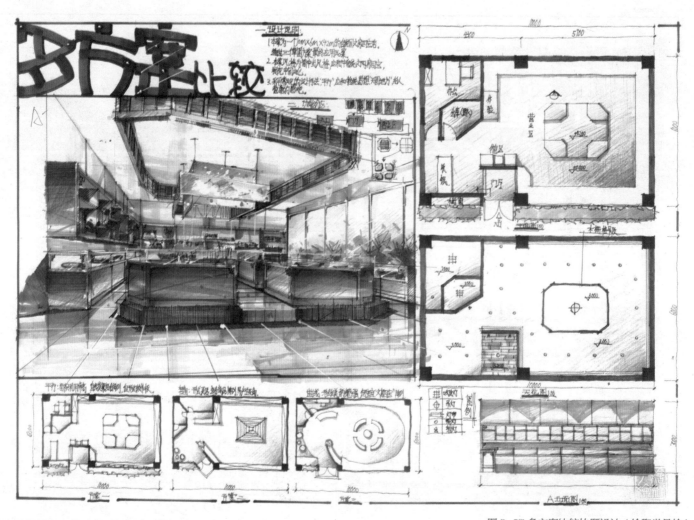

图 5-37 多方案比较快题设计（绘聚学员绘）

优点：

① 构图稳定完整，图纸内容符合条件。

② 效果图表现技法娴熟，具有一定的视觉冲击力，基本能把握整体空间氛围。

缺点：

① 三个小方案处理均过于单调乏味，应追求空间的层次变化。

② 主方案展柜形式过于规整，应强调设计感。

③ 制图能力还应加强，图纸工程图感不强。

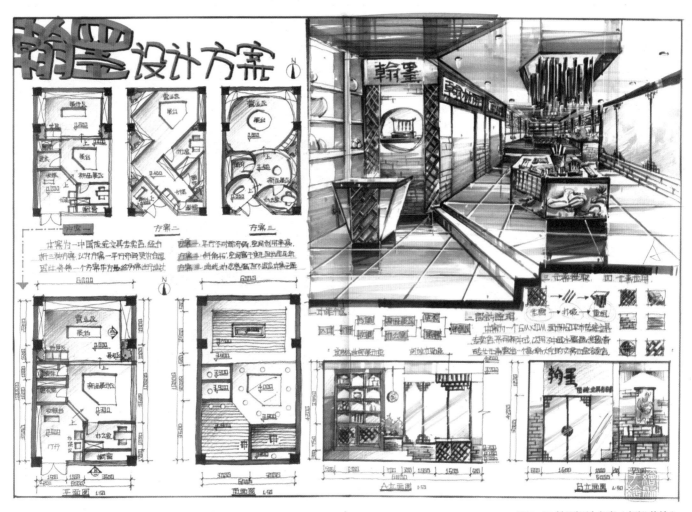

图 5-38 翰墨设计方案（伍裕荣绘）

优点：

① 排版井然有序，图纸内容量丰富，表现效果佳。

② 通过三个小方案的优劣分析，选用方案一进行深化。方案一空间序列节奏感强，层层递进，最终将人引向主要营业区。

③ 元素提取与元素应用配合分析小图，一目了然。

④ 效果图刻画深入，细节到位，很好地诠释了"文房四宝"的主题。

⑤ 制图规范，专业基础掌握扎实。

缺点：

① 方案三的处理应避免使用空间的浪费。

② 最好加入其他分析图，如空间开敞私密性分析图、人流动线分析图等。

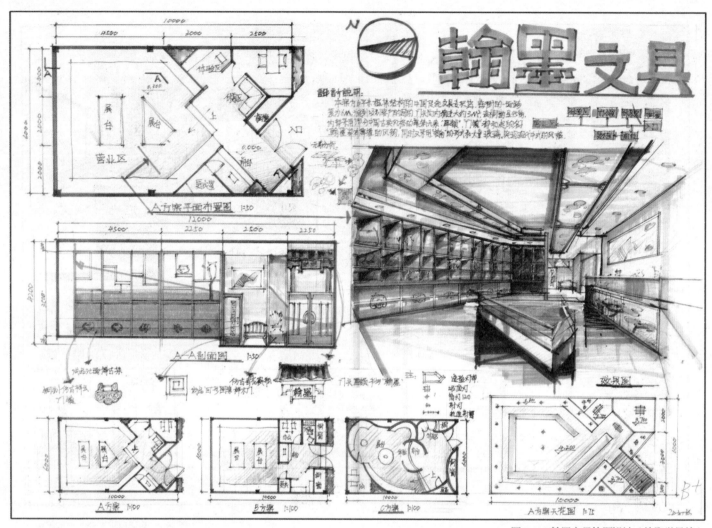

图 5-39 翰墨文具快题设计（绘聚学员绘）

优点：

① 构图完整，效果图视角独特，顶面造型呼应空间形态，具有吸引力。

② 三个小方案功能基本合理。主方案入口采用转角，并利用地台强化主要营业区。

缺点：

① 效果图展柜形式应再考虑，最好有些变化。

② 指北针过大，其他的制图规范也应注意。

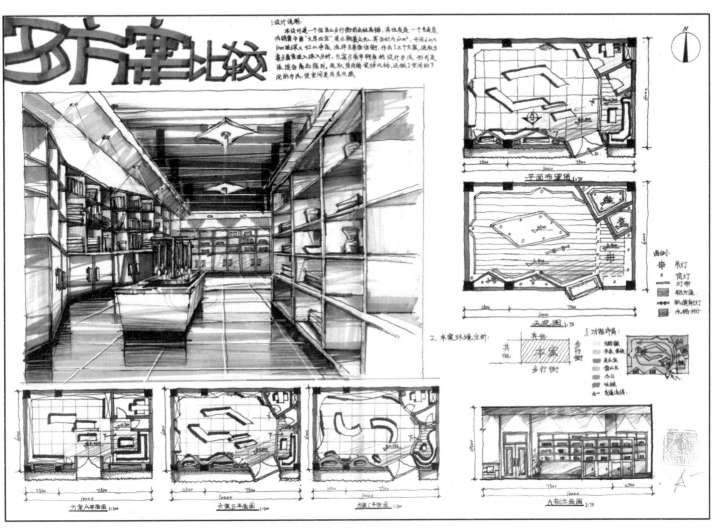

图 5-40 多方案比较快题设计（王维康绘）

优点：

① 主方案处理具有动感，以中心区域不规则展柜为主要亮点。

② 效果图表现较好，符合中式空间氛围。

缺点：

① 主入口位置不当，且缓冲平台面积过小。

② 立面图应注重细节，需进一步完善。

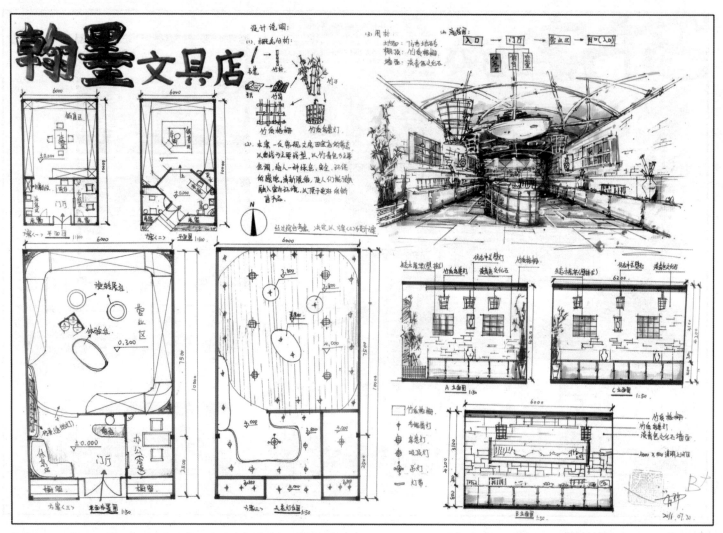

图 5-41 翰墨文具快题设计（绘聚学员绘）

优点：

① 主方案空间功能比较合理，以中心营业区为主要内容，展柜造型以圆形、弧形为主。

② 效果图表现技法比较娴熟，色调以绿色和木色为主，清新自然。

缺点：

① 整体构图中效果图面积过小，主方案平面图过大，没有形成较强的视觉冲击力。

② 立面图应注意规范，尺寸标准和材料标注不应重叠。

五、书吧室内设计

1. 真题题目

设计要求：要求进行书吧室内设计，建筑尺寸为 16.5 m×13.5 m，层高自定，入口位置自定。

图纸要求：平面图、天花图、立面图、效果图和设计说明。

2. 题目解析

书吧是一种集图书馆、书店、茶室、咖啡馆和讲座于一体的商业空间。根据题意要合理布局各功能空间，如前台、书籍展示区、阅读区、吧台茶水区、卫生间、办公区、仓库等。同时要适度考虑空间的灵活可变性，因为目前大多数书吧都会不定期举办讲座、新书发布等交流活动，此时要考虑空间的使用模式。

3. 学生作品点评

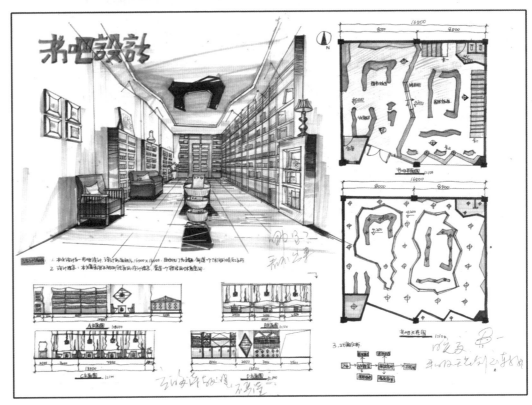

图 5-42 书吧快题设计（绘聚学员绘）

优点：

① 方案创意较好，空间主要采用不规则形式，比较灵活多变。

② 效果图表现能够体现书吧的性质，笔触干脆。

缺点：

① 整体构图较空，效果图应与平面图对应。

② 立面图表达不严谨。

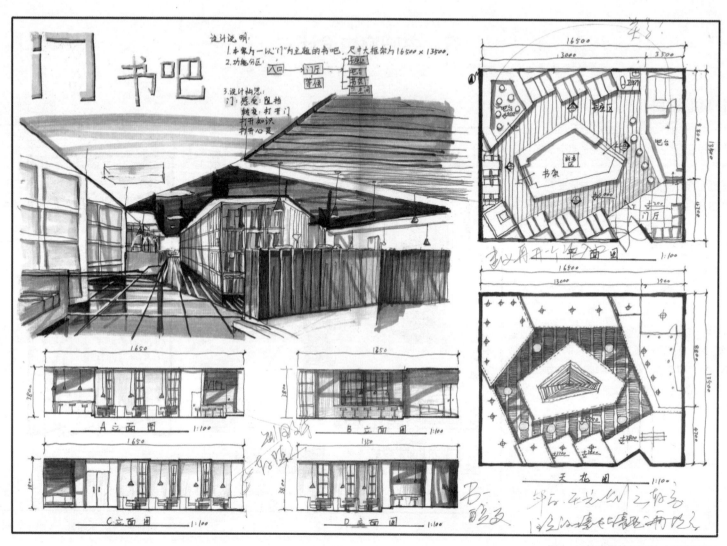

图 5-43 门书吧快题设计（耿筱丹绘）

优点：

① 方案比较有新意，运用了不规则形式。

② 整体版面安排比较合理。

缺点：

① 注重功能之间的关系。

② 立面图表达较随意，不严谨。

③ 效果图表现应再提高。

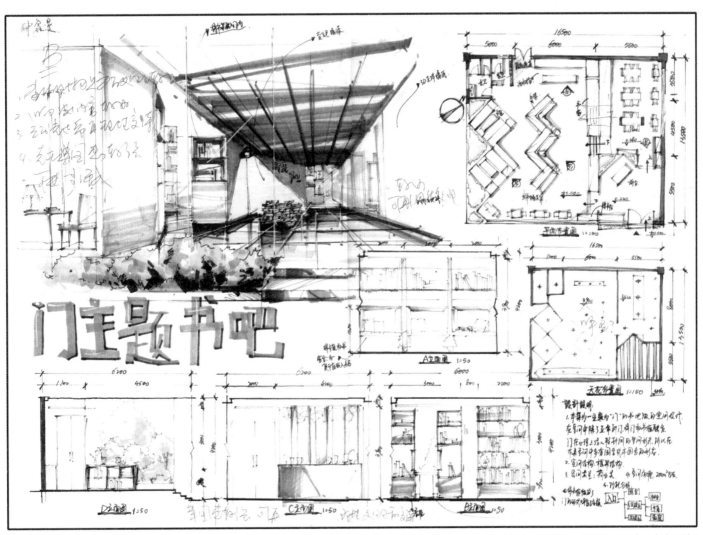

图 5-44 门主题书吧快题设计（申鑫漫绘）

优点：

① 方案比较不错，分区明确，功能合理。

② 整体版面内容比较丰富。

缺点：

① 天花图应与平面图呼应。

② 立面图表达较随意，不严谨，应加入材质说明。

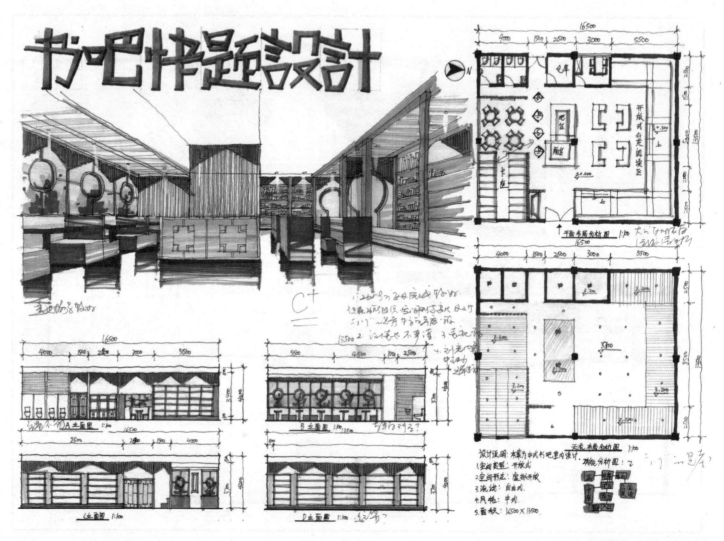

图 5-45 书吧快题设计（张悦绘）

优点：

① 功能分区及完成度较好。

② 效果场景表现较好。

缺点：

① 功能的组织与空间的变化应再深入考虑。

② 设计表达较随意，不严谨。

③ 设计说明较少，版面有些空。

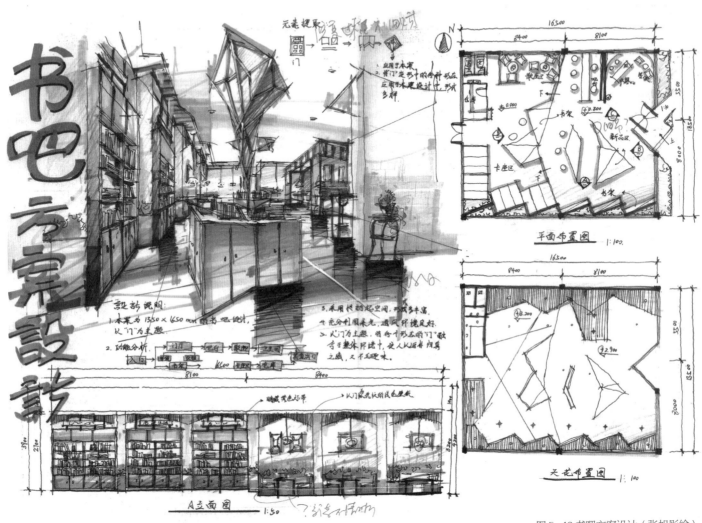

图 5-46 书吧方案设计（张旭彤绘）

优点：

① 空间划分形式有新意，功能分区较好。

② 展柜造型独特，能够形成视觉中心。

③ 效果场景表现比较丰富，视觉冲击力强。

缺点：

① 排版不太合理，立面图和天花图最好对齐。

② 设计元素的应用要表达清楚。

六、设计工作室设计

1. 真题题目

某大学校园内有一阶梯教室（见下图），拟改造为环艺设计工作室，具体要求如下：

① 人员：8 名教师，24 名学生。

② 主要功能：工作（如计算机制图、模型制作等）、展示、观影及工作休息等空间。

③ 图纸要求：A2 幅面，内容包括平面图、天花图、立面图、主要场景效果图及设计构思说明等。

2. 题目解析

应牢牢把握原有阶梯教室的结构展开设计，满足主要功能的要求（图 5-47）。

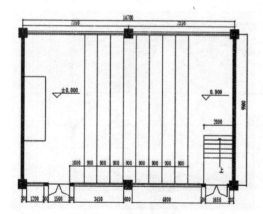

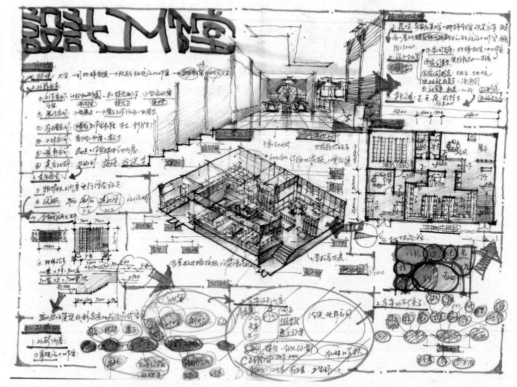

图 5-47 设计工作室题目解析（秦瑞虎绘）

3. 学生作品点评

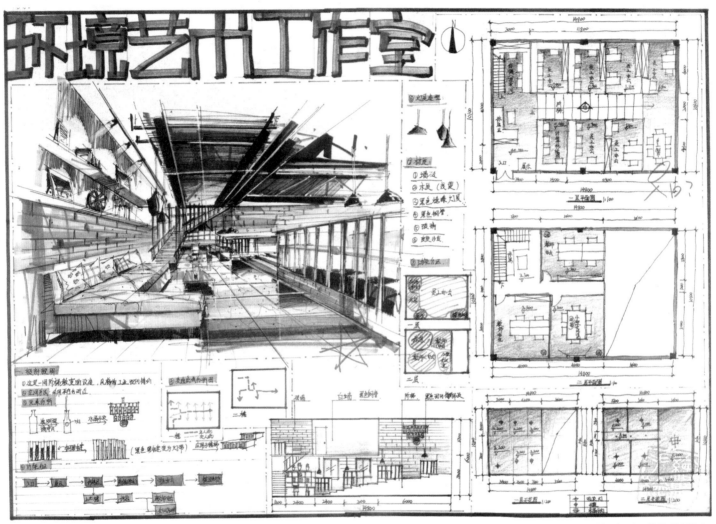

图 5-48 环境艺术工作室快题设计（绘聚学员绘）

优点：

① 整体画面用色大胆，有一定的感染力。

② 设计方案考虑阶梯教室的原有结构，以中心对称式进行空间布局。

缺点：

① 应设置两个出入口。

② 效果图场景最好能选择主要空间。

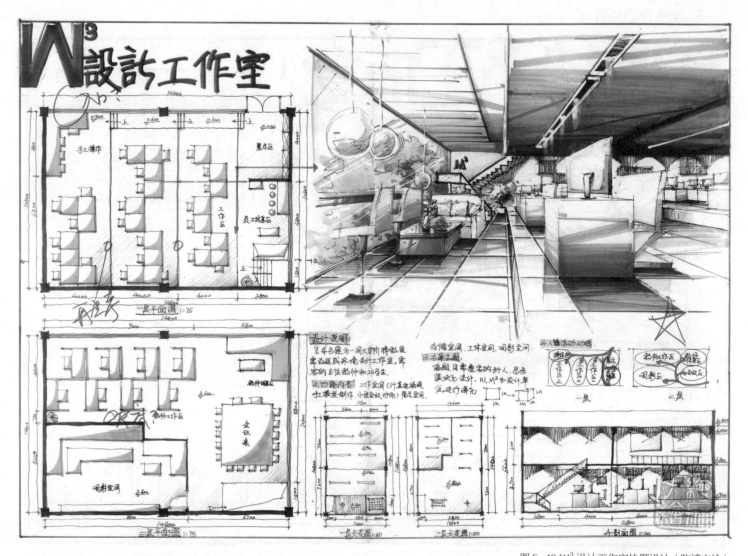

图 5-49 W³ 设计工作室快题设计（陈博文绘）

优点：

① 整体画面干净利落，效果较好。

② 设计概念较好，但应考虑人的使用。

缺点：

① 应设置两个出入口。

② 一些空间细节应考虑人体尺度。

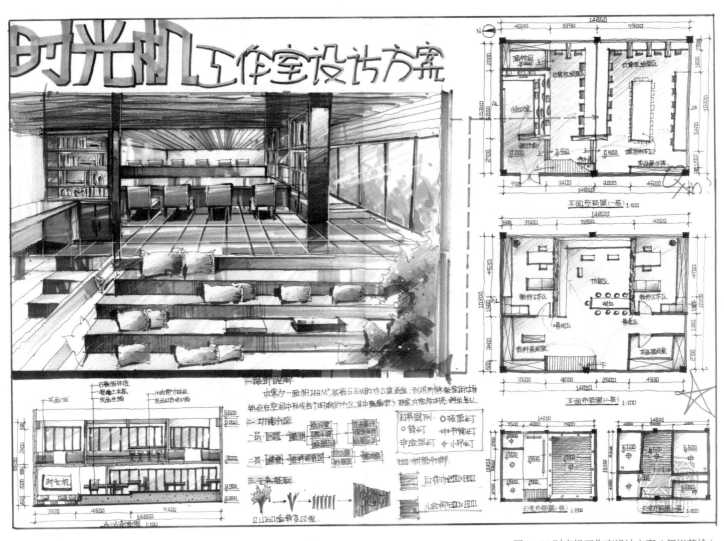

图 5-50 时光机工作室设计方案（伍裕荣绘）

优点：

① 空间布局较好，能够满足使用需求。

② 利用夹层空间，拓展了使用面积。

③ 效果图表现了阶梯区域，很好地诠释了设计概念。

④ 工程制图严谨、认真。

缺点：

① 应设置两个出入口。

② 应再注重一些空间细节。

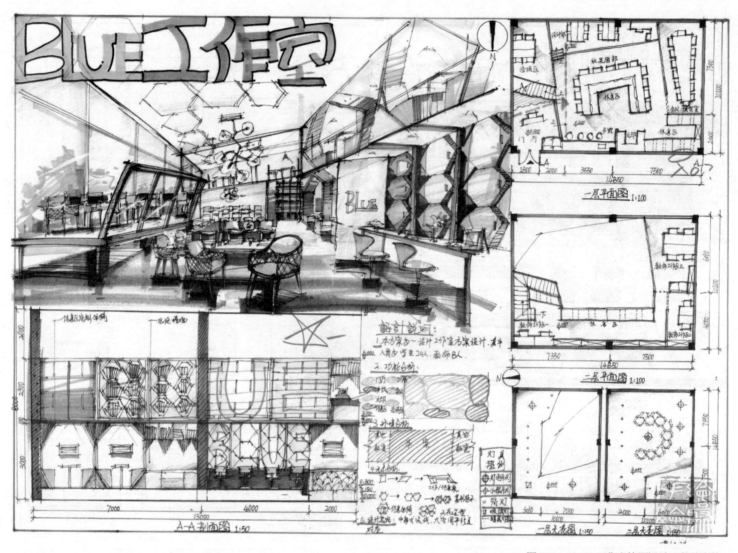

图 5-51 BLUE 工作室快题设计（董佳琪绘）

优点：

① 版面构图稳定，整体效果好。

② 空间布局形式局部采用平行对应，丰富了空间形态。

③ 局部采用夹层空间，拓展了使用面积。

④ 效果图表现较好，能够展现设计工作室的性质。

缺点：

① 应设置两个出入口。

② 立面造型表现应再严谨一些。

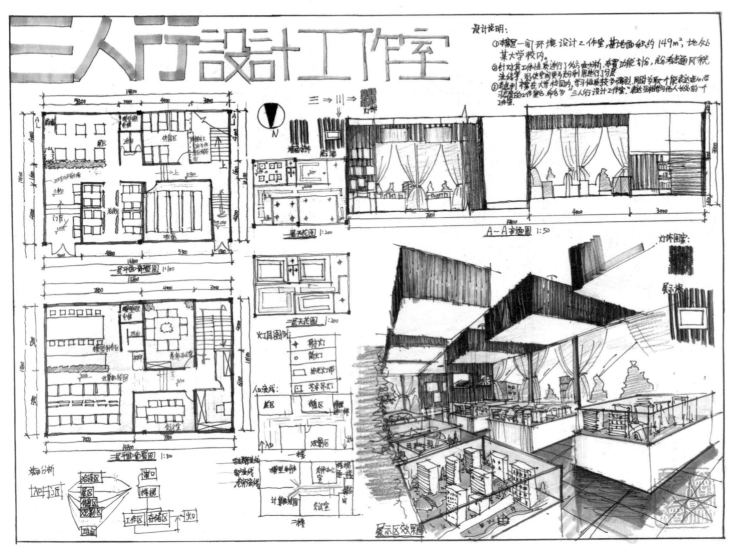

图 5-52 三人行设计工作室快题设计（绘聚学员绘）

优点：

① 版面构图比较紧凑，内容较丰富。

② 空间布局比较合理，一层主要为公共空间，二层主要为工作区。

③ 设置了两个出入口，能够满足使用。

缺点：

① 效果图场景倾向于展示，应再优化，最好能表现主要空间。

② 制图应再严谨一些。

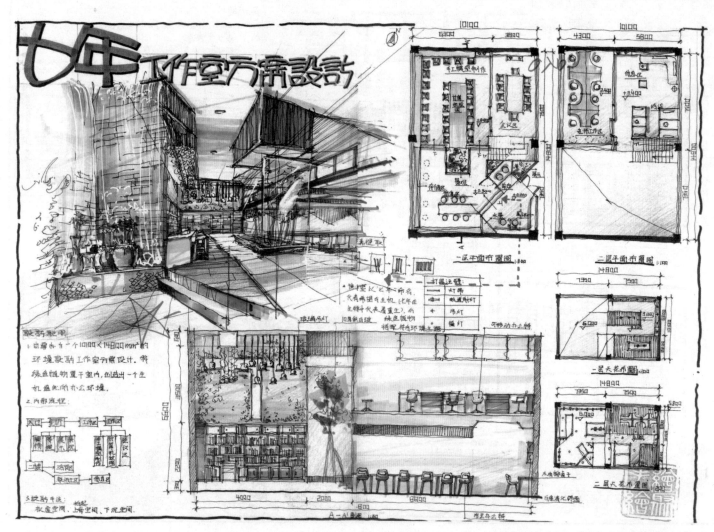

图 5-53 七年工作室方案设计（张旭彤绘）

优点：

① 整体构思较好，效果表现较生动。

② 入口比较别致，中心景观起到了美化作用，空间布局较合理，一层主要为学生工作区和公共区等，二层主要为教师工作区和洽谈区。

③ 设置了两个出入口，能够满足使用。

缺点：

① 效果图场景应再优化，最好能表现主要工作区。

② 整体版面布局应再调整，两个立面图最好和其他图纸对应。

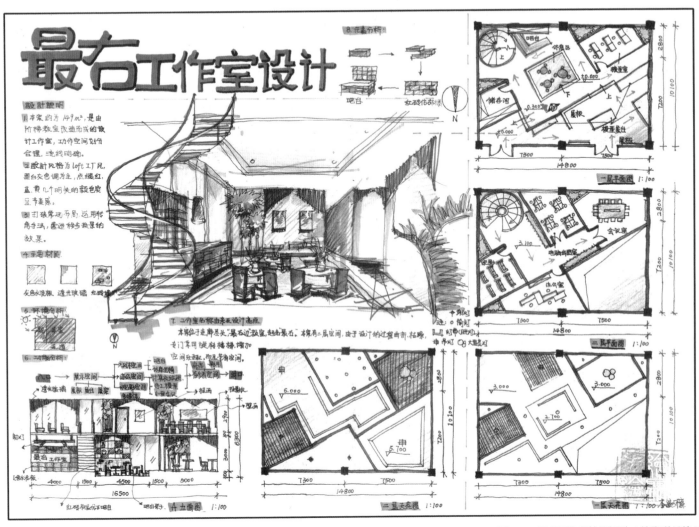

图 5-54 最右工作室快题设计（绘聚学员绘）

优点：

① 整体布局采用斜 45°，秩序感较强，空间形态丰富。

② 入口设置了模型展示，并利用地台强调空间。

③ 设置了两个出入口，能够满足使用。

缺点：

① 应再注重细节，避免空间死角。

② 效果图场景应再优化，家具比例尺度有问题。

七、社区服务中心设计

1. 真题题目

进行社区服务中心设计，面积为 15 m × 15 m，南面和东面是落地窗，北面和西面是墙，不开窗，入口设置在南立面。

三个方案选一个深入，图纸要求：3 幅小平面图，1 幅深化平面图，1 幅天花图，1 幅立面图，1 幅效果图。

2. 题目解析

对于不同区域、不同年龄、不同层次的社区居民结构，社区中心主要功能需求侧重有所不同，可包括：

① 活动部分：居民活动室、小型图书阅览室、展厅、茶室、网络中心、游戏室、棋牌室、影视放映室（兼做小型报告厅）、卫生设施等。

② 学习部分：音乐教室、美术教室、书法教室、普通教室等。

③ 专业工作部分：音乐工作室、摄影工作室、美术书法工作室、录音室等。

④ 行政管理：办公室、接待室、值班室等。

3. 学生作品点评

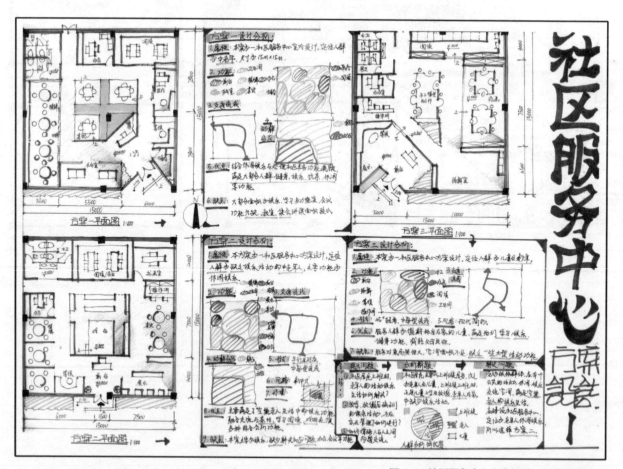

图 5-55 社区服务中心方案设计一（董佳琪绘）

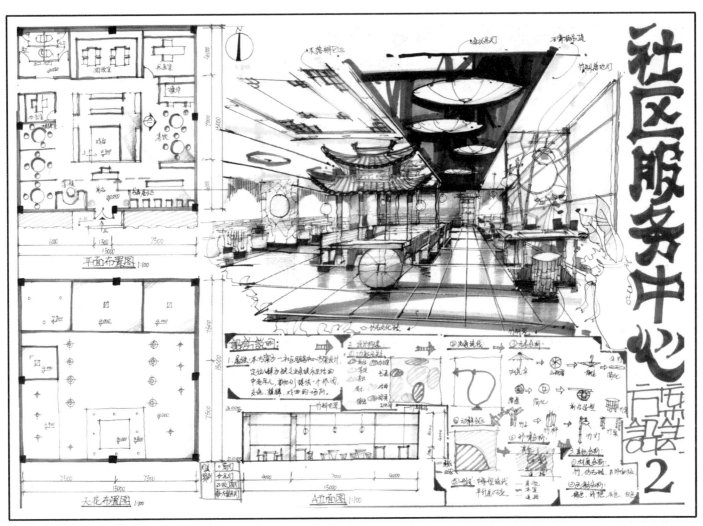

图 5-55 社会服务中心方案设计二（董佳琪绘）

优点：

① 两个幅面均饱满丰富，内容信息量大。

② 三个小方案布局合理，形式划分分别采用横平竖直和转角，设计分析深入。

③ 主方案采用中岛式布局，规整平稳，元素分析较好，效果图应用中式元素，烘托气氛。

缺点：

① 效果图应再注重细节，表现要深入。

② 整体版面色调应注重明暗对比关系。

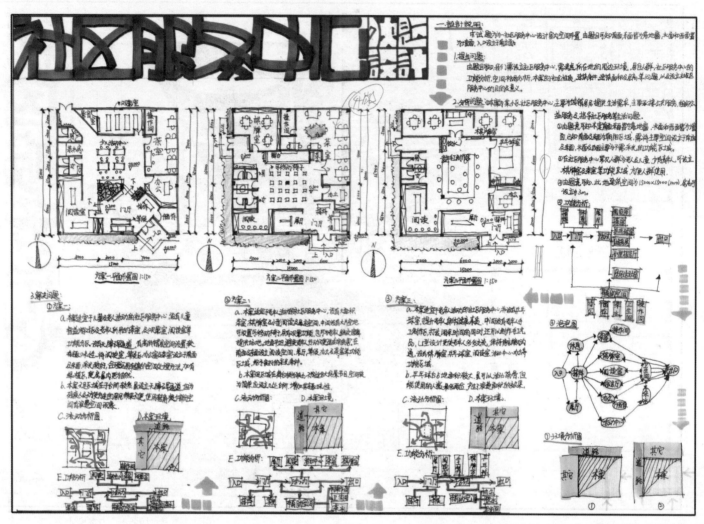

图 5-56 社会服务中心快题设计一（王爽绘）

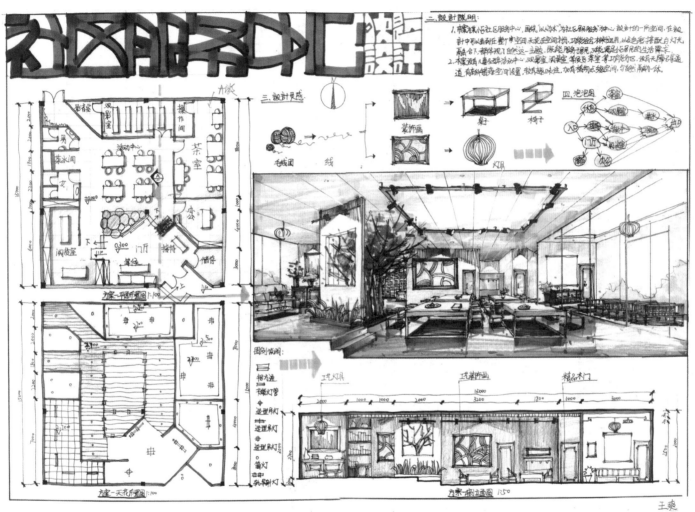

图 5-56 社会服务中心快题设计二（王爽绘）

优点：

① 整体版面美观大方，内容丰富完整。

② 主方案功能完善，空间形式较好。

③ 设计说明完整深入，能够提出问题、分析问题和解决问题。

④ 效果图场景选择较好，能够反映主要空间，整体氛围符合题意。

缺点：

① 三个小方案中应多考虑开敞与虚拟空间的运用。

② 效果图表现技法稍显逊色，应再加强训练。

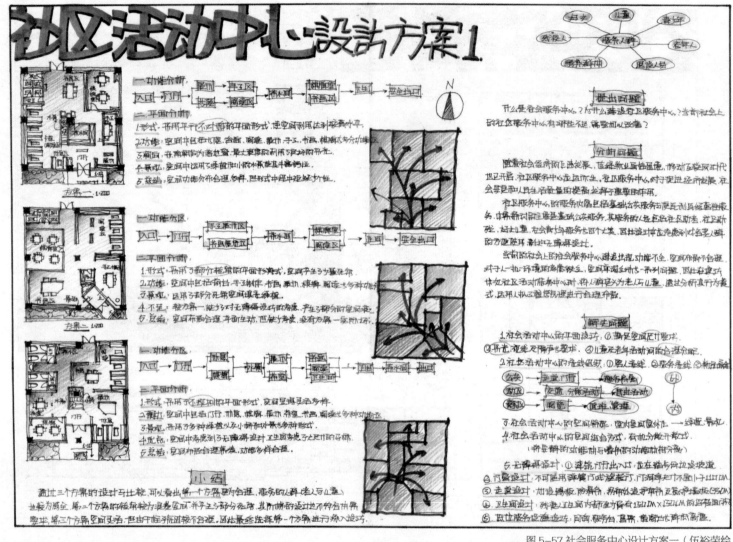

图 5-57 社会服务中心设计方案一（伍裕荣绘）

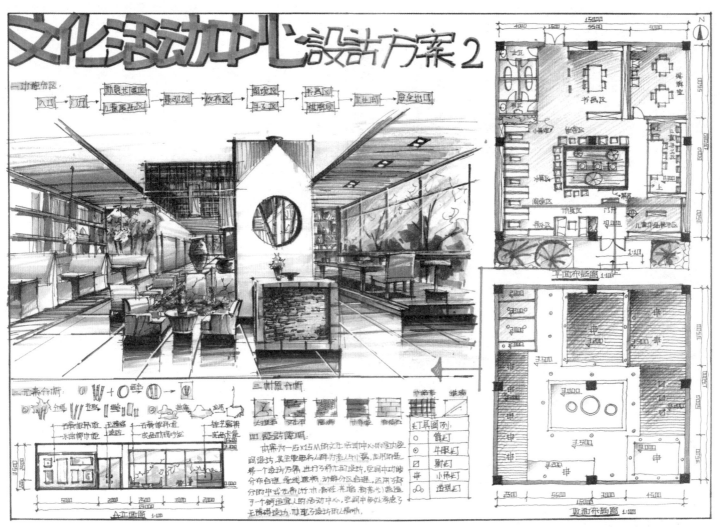

图 5-57 社会服务中心快题设计方案二（伍裕荣绘）

优点：

① 整体视觉效果好，版式美观。

② 三个小方案均有功能分析和平面分析，将服务人群设定为老人、儿童，并考虑无障碍设施。

③ 主方案中心区域设置水景观，其他功能围绕其展开。

④ 效果图视觉大气，能够反映主要空间，色调对比强烈，冲击力强。

⑤ 设计说明图文并茂，很好地阐释了设计概念。

缺点：

① 效果图中心区域的沙发尺度偏小。

② 效果图中前台的造型可以再优化。

第六章　手绘基础强化训练
Training Enhancement of Hand-sketch Base

◆透视理论篇
◆上色基础篇
◆家具配饰篇
◆室内效果篇

一、透视理论篇

在生活的场景中，看到的任何物体都会呈现出透视的关系。透视原理复杂，可以去了解，但是在设计手绘表达时不一定要用透视原理的方法，可以采用实用、快捷的方式，这样不仅可以省去时间和烦琐的计算过程，更能在表达的过程中去推敲和触碰设计的灵感。

从二维平面建立到三维空间立体的透视图，是设计师创意设计过程中的第二阶段，也是与设计组员、客户沟通的最直观效果，同时也是非常重要的阶段。由于平面图、立面图较为抽象，设计的意图及空间效果不能直观地反映出来。因此，需要我们用透视画法把这些抽象的平面图用直观逼真的效果图表现出来。准确的透视有助于表现空间效果的真实性，在表达的过程中时刻提醒自己形体与形体之间的比例透视关系，以达到设计构思初期的效果。

1. 一点透视

一点透视是指空间或物体所有的横线都是水平的，竖线都是垂直的，唯有斜线向画面中心点（消失点）的方向消失。一点透视表现的空间宽广、庄重、稳定，纵深感强（图6-1）。

一点透视的基本透视原理：一个消失点；

两组平行线（横平竖直）；

两个基准点（参照点）；

一个基准面（参照面）；

一条视平线（与眼睛水平）；

一条地平线（参照地平线）。

2. 两点透视

两点透视又称"成角透视"，两组斜线消失在水平面上的两个消失点，所有的竖线垂直于画面。两点透视画面活泼、自由，能够逼真地反映物体及空间效果（图6-2）。

两点透视的基本透视原理：两个消失点；

一组平行线（横平竖直）；

一个基准点（参照点）；

没有基准面（参照面）；

一条视平线（与眼睛水平）。

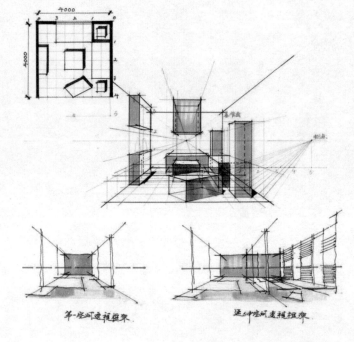

图6-1 一点透视（李国胜绘）

图6-2 两点透视（徐志伟绘）

3. 一点斜透视

一点斜透视是在一点、两点透视的基础上产生的一种透视方法，实际属于两点透视。两个消失点一个在画面内，一个在画面外，所形成的透视效果真实、丰富、活泼。画一点斜透视应注意的是画面内的消失点一定在一侧，不要在中心，否则会产生错误的效果。熟练地运用一点斜透视，能完整地表现空间效果，使画面准确生动地表现主墙面的陈设，同时又能产生美感和气势（图6-3）。

一点斜透视的基本透视原理：两个消失点（一个在纸内、一个在纸外）；

一组平行线（横平竖直）；

一个基准点（参照点）；

没有基准面（参照面）；

一条视平线（与眼睛水平）。

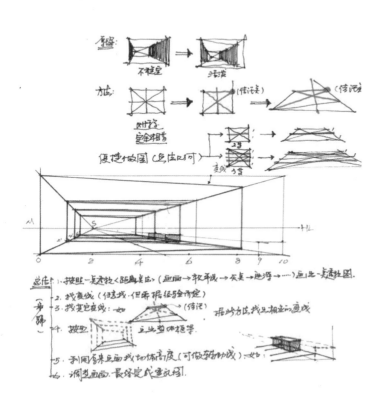

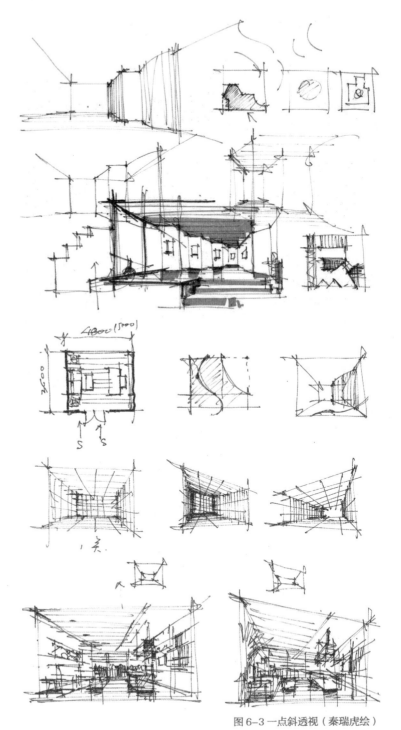

图6-3 一点斜透视（秦瑞虎绘）

4. 透视的综合练习（图6-4）

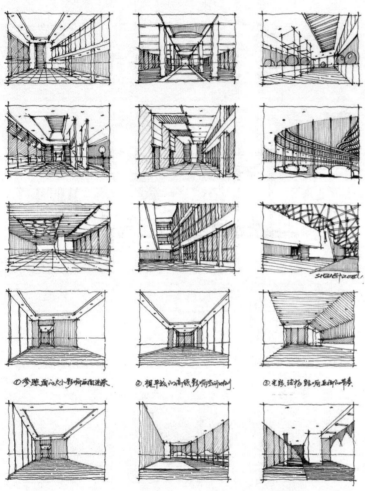

图6-4 空间透视练习（李国胜绘）

二、上色基础篇

1. 掌握手中的工具

设计手绘表达是设计师的基本技能，是推敲设计的主要方式，在训练之前应该先了解画前需要准备的工具。线稿阶段，铅笔、橡皮、尺子、签字笔、美工笔、黑色马克笔、制图尺、纸张和涂改液是必备的工具。墨线制图过程中，细到0.3型号签字笔，粗到美工笔及纯黑马克笔，是用来表达设计

画面中物体与物体间的空间、体块节奏关系的工具。可以根据笔头的大小、型号来控制绘制物体的材质。制图尺是在绘制平面图与立面图时不可缺少的工具，室内设计师应严格控制比例及尺寸，精准地表达出设计的内容。

在设计手绘表达的过程中，着色的主要工具是马克笔与彩铅，具体使用哪种工具着色，取决于这两种工具在实际的工作环境中传递信息的方便快捷度。马克笔有油性与水性之分，本书中多以油性马克笔为例讲解马克笔的基础快捷使用方法及技巧。

马克笔线条练习与钢笔线条练习时方法如出一辙。着色时手要放松，敢于表现，这样画出的表现图才通透、大气、有张力。马克笔可以叠加表现，同色系之间的叠加效果更好。但过多的叠加会使画面变脏，这点要特别注意。浅色系的马克笔透明度比较高，很适合在深色的钢笔画或其他的线描上搭配上色。一般选用的颜色以灰色调为主，太过艳丽的颜色尽量少用，可做少量的画面点缀或强调，但要注意整个画面的均衡。当然，马克笔作为绘画工具本身也具有一定的局限性，例如：马克笔的颜色在衔接、叠加时，笔触过渡的部分常会因某些色彩的缺失而显得略为生硬，落笔后色彩可改动的范围也较小。此时可以用彩色铅笔进行修补，这样也加深了画面的虚实关系。

用马克笔上色时要注意整体关系，注意运笔的笔势和马克笔线条排线的方向感和疏密关系，落笔时要大胆。最后逐渐由整体转向局部，细心地刻画每个应表现的设计细节，并随时对画面的大关系进行调整，逐步完成作品。马克笔由于笔头的大小关系在上色时表现的面积较小，因此在表现大面积色块时，运笔要快速均匀（图6-5）。

与钢笔线条练习一样，用马克笔时要注意用笔的方向及起笔、收笔的力度（图6-6）。

同一色系的马克笔可以通过由浅至深的颜色变化表达出明度的渐变关系（图6-7）。

马克笔的笔法干脆利落，可充分利用固定笔头、同一颜色叠加的材料属性处理物体的明暗体块关系（图6-8）。

2. 马克笔的干湿画法及叠加技巧

在表达不同物体的过程中，因为其材料质感的区别，在表达的过程中通过干湿画法的表达可以区分不同物体的质感。

（1）马克笔干画法

马克笔干画法指的是在表达的过程中以迅速肯定的笔法处理画面，充分利用马克笔笔头的属性，体现出其利索的笔触。在叠加表达干画法的过程中，第二遍的叠加需要等第一遍颜色完全干透后再进行，这样才可以体现出其笔触的质感，否则颜色容易融到一块。干画法适用于画面中坚硬的

材质及画面收边的处理。

（2）马克笔湿画法

马克笔湿画法指的是在表达的过程中速度较慢或以快速多遍的叠加方式处理画面，使其笔触在马克笔水分没完全干透之前利用同一颜色叠加的属性整合一个块面。湿画法适用于表达植物、软装配饰等。

（3）马克笔叠加技巧

每一支马克笔都有一个固有色，虽然其颜色种类繁多，但也没办法满足色彩丰富的画面要求，因此使用马克笔时还需要将其混合、叠加。马克笔色彩的叠加是练习马克笔表现首先需要攻克的，考生需要在这个阶段熟练掌握马克笔的色彩特征以及搭配规律。马克笔的色彩因为其透明的特点，所以几乎没有覆盖能力，更不宜修改。因此下笔之前要清楚画面所需要的效果和马克笔能带给我们的效果是否一致。

颜色叠加一般分为三种：第一种，单色叠加，同一支马克笔可以做出退晕的感觉；第二种，同色系叠加，在同一色系中使用越来越深的颜色进行叠加，可以呈现出更加强烈的对比效果，同时颜色还可以自然过渡；第三种，多色叠加，多种颜色相互叠加可以丰富色彩效果，但也不宜过多，否则会使色彩变脏、变灰（图6-9）。

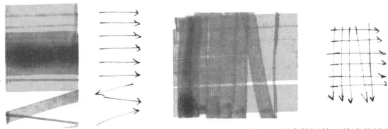

图 6-6 马克笔运笔（徐志伟绘）

图 6-7 同色系马克笔叠加（徐志伟绘）

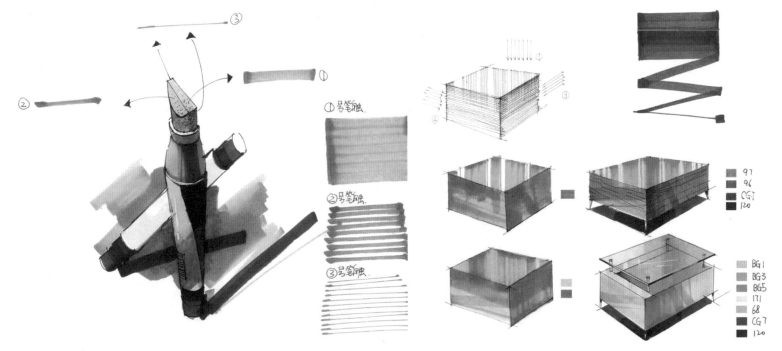

图 6-5 马克笔笔触（徐志伟绘）

图 6-8 马克笔体块上色（徐志伟绘）

第一遍上色　　　　第二遍上色　　　　第三遍上色　　　　　　第一遍上色　　　　第二遍上色　　　　第三遍上色

第一遍上色　　　　第二遍上色　　　　第三遍上色　　　　　　第一遍上色　　　　第二遍上色　　　　第三遍上色

第一遍上色　　　　第二遍上色　　　　第三遍上色　　　　　　第一遍上色　　　　第二遍上色　　　　第三遍上色

第一遍上色　　　　第二遍上色　　　　第三遍上色　　　　　　第一遍上色　　　　第二遍上色　　　　第三遍上色

图 6-9 马克笔叠加练习（徐志伟绘）

三、家具配饰篇

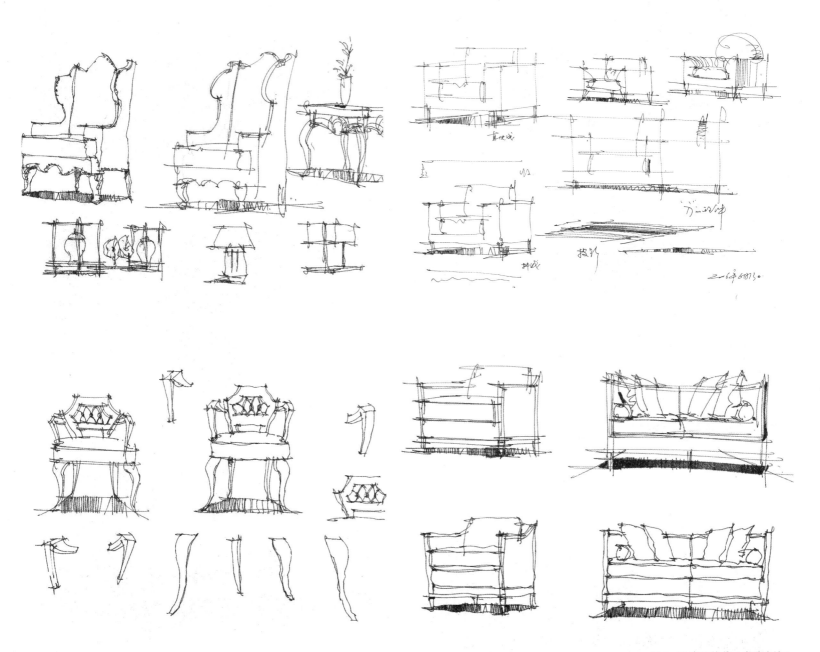

图 6-10 家具线稿（秦瑞虎绘）

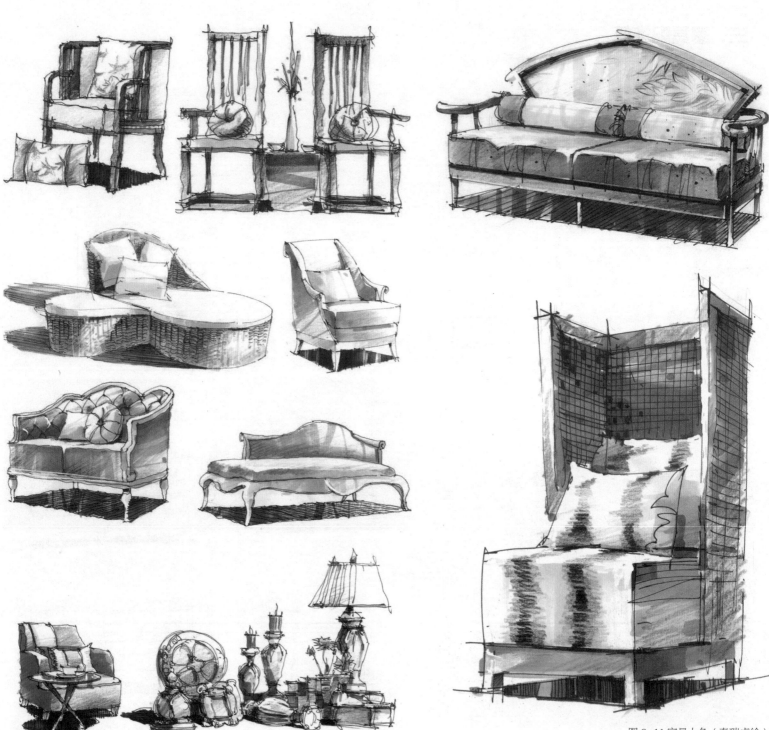

图6-11 家具上色（秦瑞虎绘）

图 6-12 家具陈设表现一（徐志伟绘）

·高款坐高：63-83CM

·矮款坐高：40～55CM

单人椅〈78CM宽〉+脚凳

俯侧

图 6-13 家具陈设表现二（李国胜绘）

图 6-14 家具陈设表现三（徐志伟绘）

图 6-15 家具陈设表现四（徐志伟绘）

四、室内效果篇

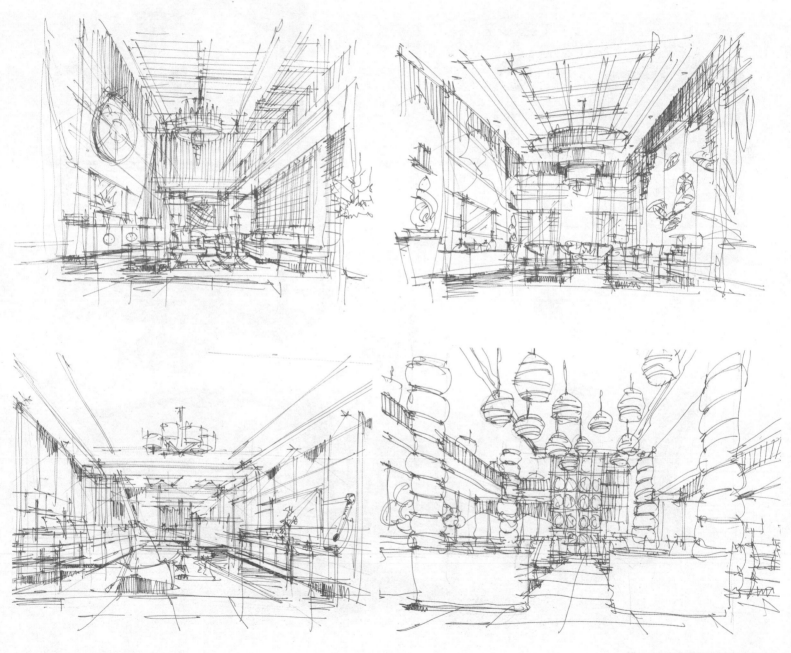

图 6-16 室内线稿一（秦瑞虎绘）

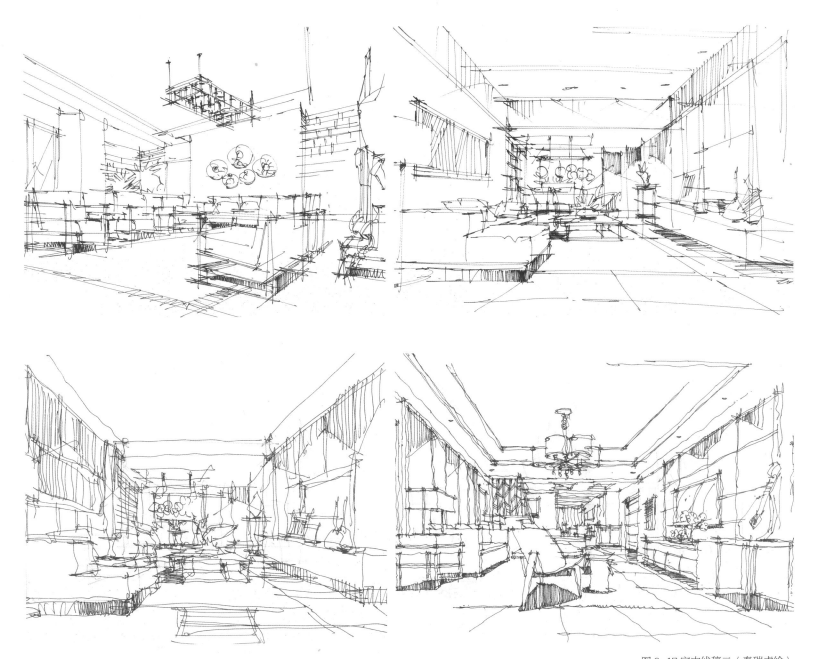

图 6-17 室内线稿二（秦瑞虎绘）

图 6-18 室内线稿和上色（秦瑞虎绘）

图 6-19 室内效果图表现一（秦瑞虎绘）

图 6-20 室内效果图表现二（徐志伟绘）

图 6-21 室内效果图表现三（赵梦娟绘）

图 6-22 室内效果图表现四（徐志伟、赵梦娟线稿，秦瑞虎上色）

图 6-23 室内效果图表现五（徐志伟绘）

图 6-24 室内效果图表现六（李国胜绘）

图 6-25 室内效果图表现七（郑娇线稿、徐志伟上色）

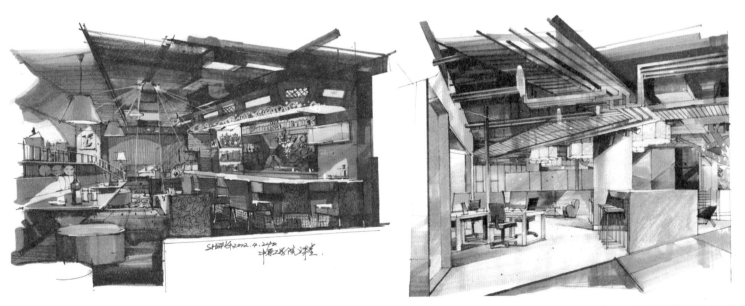

图6-26 室内效果图表现八（李国胜绘）

参考文献

[1] 松下希和 . 装修设计解剖书 [M]. 温俊杰，译 . 海口：南海出版公司，2013.

[2] 增田奏 . 住宅设计解剖书 [M]. 赵可，译 . 海口：南海出版公司，2013.

[3] 和田浩一，富樫优子，小川由佳利 . 国际环境设计精品教程：室内设计基础 [M]. 朱波，万劲，蓝志军，等，译 . 北京：中国青年出版社，2014.

[4] 亚伯克隆比 . 室内设计哲学 [M]. 赵梦琳，译 . 天津：天津大学出版社，2009.

[5] 保罗·拉索 . 图解思考 [M]. 邱贤丰，刘宇光，郭建青，译 . 北京：中国建筑工业出版社，2002.

[6] 彭一刚 . 建筑空间组合论 [M]. 北京：中国建筑工业出版社，1983.

[7] 张绮曼，郑曙旸 . 室内设计资料集 [M]. 北京：中国建筑工业出版社，1991.

[8] 郑曙旸 . 室内设计思维与方法 [M]. 北京：中国建筑工业出版社，2003.

[9] 杨茂川 . 空间设计 [M]. 南昌：江西美术出版社有限责任公司，2009.

[10] 过伟敏，刘佳 . 基本空间设计 [M]. 武汉：华中科技大学出版社，2011.

[11] 过伟敏，魏娜 . 室内设计 [M]. 南昌：江西美术出版社有限责任公司，2009.

[12] 过伟敏，王筱倩 . 环境设计 [M]. 北京：高等教育出版社，2009.

[13] 徐磊青，杨公侠 . 环境心理学 [M]. 上海：同济大学出版社，2002.

[14] 香港设计中心，艺术与设计出版联盟 . 设计的精神 [M]. 沈阳：辽宁科学技术出版社，2008.

[15] 褚冬竹 . 开始设计 [M]. 北京：机械工业出版社，2011.

[16] 李国胜，秦瑞虎，沙龙 . 从手绘设计基础到考研系列丛书——室内设计 [M]. 南京：江苏科学技术出版社，2014.

[17] 李娜 . 现代室内空间艺术设计的思维方式与表现研究 [D]. 济南：山东师范大学，2010.

[18] 钱安明 . 艺术设计思维方法研究 [D]. 合肥：合肥工业大学，2007.

[19] 林金梅 . 思维导图在室内设计创新中的研究与应用 [D]. 南京：南京林业大学，2012.

[20] 刘爱伟 . 图解思考在室内设计中的运用研究 [D]. 重庆：西南大学，2013.

[21] 秦杨 . 基于情感需求的室内环境设计研究 [D]. 武汉：武汉理工大学，2013.

[22] 麦克·巴特尔梅，庄佳栋 . 风景园林中的设计思维 [J]. 中国园林，2015，31（2）：61-64.

[23] 位郁斌 . 浅谈室内设计思维 [J]. 辽宁师专学报（社会科学版），2013（5）：39-41.

[24] 韩巍 . 室内设计思维程序研究 [J]. 装饰，2004（2）：81.

[25] 王冬梅 . 室内设计的思维方式及阶段性应用 [J]. 科技资讯，2006（3）：139-141.

[26] 范庆华 . 室内设计方法中的图形思维与表达 [J]. 兰州教育学院学报，2005（2）：54-58.

[27] 王叶 . 室内设计思维表现形式与图形思维方式的研究 [J]. 艺术研究，2013（4）：26-27.

[28] 袁筱 . 设计思维在室内装修中的应用研究 [J]. 美术教育研究，2012（11）：82-83.

[29] 洪易娜 . 图解思考在室内快题设计中的应用 [J]. 美术教育研究，2012（23）：78-79.

[30] 杨倩楠，杨茂川 . 地域性主题酒店的空间体验设计 [J]. 山西建筑，2013（27）：10-11.